Dayo Oshinubi

Energieeffiziente Auswerteelektronik für kapazitive mikromechanische Drehratensensoren

Energieeffiziente Auswerteelektronik für kapazitive mikromechanische Drehratensensoren

von
Dayo Oshinubi

Dissertation, Universität Karlsruhe (TH)
Fakultät für Elektrotechnik und Informationstechnik, 2009

Impressum

Karlsruher Institut für Technologie (KIT)
KIT Scientific Publishing
Straße am Forum 2
D-76131 Karlsruhe
www.uvka.de

KIT – Universität des Landes Baden-Württemberg und nationales
Forschungszentrum in der Helmholtz-Gemeinschaft

KIT Scientific Publishing 2010
Print on Demand

ISBN 978-3-86644-449-2

Energieeffiziente Auswerteelektronik für kapazitive mikromechanische Drehratensensoren

Zur Erlangung des akademischen Grades eines

DOKTOR-INGENIEURS

(Dr.-Ing.)

an der Fakultät für

Elektrotechnik und Informationstechnik

der Universität Karlsruhe (TH)

genehmigte

DISSERTATION

vorgelegt von

Dipl.-Ing. Dayo Oshinubi

aus Straubenhardt

Tag der mündlichen Prüfung: 14. Juli 2009
Hauptreferent: Prof. Dr.-Ing. habil. K. Dostert
Korreferent: Prof. Dr. rer. nat. M. Siegel

Wenn jemand meint, er habe etwas erkannt,
so hat er noch nicht erkannt, wie man erkennen soll.
Wenn aber jemand Gott liebt, der ist von ihm erkannt.

(1. Korinther 8, 2-3)

Vorwort

Die vorliegende Arbeit entstand in der Forschungs- und Vorausentwicklungsabteilung für Mikrosystemtechnik CR/ARY der Robert Bosch GmbH. Daher möchte ich mich an erster Stelle bei Herrn Dr. M. Maute, Dr. S. Finkbeiner und Dr. G. Bischopink bedanken, dass ich die vorliegende Arbeit in ihrer Arbeitsgruppe und Abteilung erstellen konnte.

Herrn Prof. Dr. K. Dostert danke ich für die Übernahme des Hauptreferats, besonders für die hilfreichen Diskussionen, Anregungen und Verbesserungsvorschläge, die zum Erfolg der Arbeit beigetragen haben.

Herrn Prof. Dr. M. Siegel möchte ich für die freundliche Übernahme des Korreferats sowie für sein Interesse an meiner Arbeit danken.

Herrn Dr. M. Rocznik danke ich für die Betreuung, die zahlreichen produktiven Telefonkonferenzen und die wegweisenden Impulse die zum Gelingen dieser Arbeit beigetragen haben.

Für die Unterstützung besonders in der Endphase meiner Arbeit, das Korrekturlesen der Arbeit und die wertvollen Diskussionen möchte ich mich herzlichst bei Herrn A. Buhmann bedanken.

Herrn Dr. M. Maute danke ich für die engagierte organisatorische und fachliche Unterstützung die während meiner Promotionszeit und danach richtungsweisend war.

Bei Herrn Dr. T. Ohms bedanke ich mich für die Integration meiner Arbeit in das Projekt Inertialsensorik, welche mir die Entwicklung der erforderlichen Hardware ermöglichte.

Für die gute Zusammenarbeit und freundliche Arbeitsatmosphäre in der ARY möchte ich mich ganz herzlich bei meinen Kolleginnen und Kollegen bedanken.

Ein ganz besonderer Dank gilt natürlich meiner Familie, insbesondere meiner Mutter Monika welche mir das Elektrotechnik Studium ermöglichte und mich stets gefördert hat. Meiner Frau Bianca danke ich für die ermutigende Unterstützung besonders in der Endphase der Arbeit.

Rutesheim, im Oktober 2009 *Dayo Oshinubi*

Inhaltsverzeichnis

1. Einleitung

Der Bedarf an mikromechanischen Inertialsensoren für zukünftige Systemkonzepte zur Messung von Drehgeschwindigkeiten und Beschleunigungen ist stark ansteigend. Die Technologie für mikroelektromechanische Systeme (MEMS)[1] bietet hierbei im Gegensatz zu makroskopischen mechanischen und optischen Technologien den Vorteil einer hohen Packungsdichte. Die Herstellung von MEMS-Sensoren erfolgt mittels Siliziumwafern bei sehr geringen Fertigungskosten. In automobilen Anwendungen, wie Electronic Stability Program (ESP), Roll Over Mitigation (ROM) und GPS-Navigation sind mikromechanische Inertialsensoren aufgrund ihrer Integrationsfähigkeit seit Jahren etabliert. Abgesehen von diesem erschlossenen Gebiet zeigt sich ein neues, stark wachsendes Segment für MEMS-Inertialsensoren im Bereich mobiler Endanwendungen zur Bewegungserkennung und Navigation. Hierzu gehören Anwendungen, wie Bildstabilisierung in Video- und Digitalkameras, Mensch-Maschine-Schnittstelle, Videospiele und Robotik. Während bei automobilen Anwendungen Robustheit, Zuverlässigkeit und Leistungsfähigkeit im Vordergrund stehen, fokussieren sich die Anforderungen bei mobilen Anwendungen zunehmend auf niedrige Herstellungskosten, eine geringe Sensorgröße und minimalen Leistungsbedarf des Gesamtsensorsystems.

Die vorliegende Arbeit befasst sich mit Ansätzen zur Reduktion der Leistungsaufnahme kapazitiver mikromechanischer Drehratensensoren. Um den Gesamtleistungsbedarf der Signalverarbeitung eines mikromechanischen Drehratensensorsystems zu senken, gibt es Ansätze auf technologischer, schaltungstechnischer und systemtechnischer Ebene. Um ein Gesamtsystem mit minimalem Leistungsbedarf zu entwickeln, ist es wichtig auf allen zuvor genannten Ebenen Lösungsstrategien zu verfolgen. Bedingt durch die starke Nachfrage nach leistungseffizienten Mixed-Signal-Schaltungen sind in den vergangenen Jahren auf technologischer und schaltungstechnischer Ebene Low-Power Design-Techniken [4, 24, 54] entstanden, mit welchen ein leistungsoptimierter Entwurf

---

[1] engl. Micro-Electro-Mechanical System: Integriertes Mikrosystem bestehend aus Sensoren, Aktoren und Auswerteelektronik auf einem Siliziumsubstrat

realisiert werden kann. In der hier vorliegenden Arbeit werden Ansätze für eine leistungsoptimierte Realisierung der Signalverarbeitung eines kapazitiven mikromechanischen Drehratensensors auf Systemebene vorgestellt. Die präsentierte Systemrealisierung ermöglicht die Nutzung eines intelligenten Power Managements durch Power-Down der Vorverstärkerelektronik zur Sensorsignalverarbeitung. Hierbei wird während der Signalauswertung der Sensorsignale eine Leistungsreduktion durch Unterabtastung der Sensorsignale in Kombination mit dem Power-Down der Vorverstärkerelektronik ermöglicht. In diesem Bereich grenzt sich das hier vorgestellte Verfahren von Implementierungen ab, bei denen die Signalauswertung während des Power-Down Modus inaktiv ist [7].

Die Arbeit gliedert sich wie folgt: Zunächst werden im zweiten Kapitel die Grundlagen zur Funktionsweise des mikromechanischen Drehratensensorelements vorgestellt, welches in dieser Arbeit verwendet wurde, um die Systemansätze zu verifizieren. Die erforderliche Signalverarbeitung zur Auswertung der kapazitiven Signale des mikromechanischen Drehratensensors wird im dritten Kapitel diskutiert. Desweiteren wird eine Entwicklungsumgebung mit einer ebenfalls aus dieser Arbeit entstandenen modularen Hardwareplattform, basierend auf FPGA-Technologie, präsentiert. Anhand dieser Hardwareplattform können analoge sowie digitale Auswertekonzepte für mikromechanische Sensoren bewertet werden. Im vierten Kapitel wird ein neuartiges energieeffizientes Auswertekonzept, basierend auf Unterabtastung und Power-Down der Vorverstärkungselektronik vorgestellt, mit welchem der Gesamtleistungsbedarf der Auswerteelektronik des kapazitiven MEMS-Drehratensensors deutlich reduziert werden kann. Mittels Messungen an einem realen Drehratensensor erfolgt eine Bewertung des neuartigen Antriebskonzepts. Das fünfte Kapitel umfasst einen neuen Ansatz zur Leistungseinsparung, umgesetzt durch Unterabtastung der Drehratendetektionssignale. Messungen an einer programmierbaren integrierten Vorverstärkerschaltung zeigen die Reduktion des Strombedarfs durch Power-Down im sechsten Kapitel. Die Zusammenfassung mit Ausblick im siebten Kapitel schließen die Arbeit ab.

2. Mikromechanisches Drehratensensorelement

2.1. Technologie der Mikromechanik

Um mikromechanische Sensoren zu fertigen werden Prozesse benötigt, die es ermöglichen, Elemente im Bereich von wenigen Mikrometern bis Nanometern zu strukturieren. Hierfür haben sich besonders die Prozesse der Oberflächen- und Bulk-Mikromechanik etabliert. Durch stetige technologische Weiterentwicklung sowie der Erarbeitung theoretischer Grundlagen stehen heute Photolithographie, Schichtabscheidungsprozesse, Ätztechniken, aber auch fundierte Simulationswerkzeuge zur Herstellung zwei- und dreidimensionaler mechanischer Funktionselemente in Silizium Wafermaterial zur Verfügung. Die Verfahren der Silizium-Mikromechanik lassen sich grob in drei Kategorien untergliedern [15]:

- Bulk-Mikromechanik

- Oberflächenmikromechanik

- Oberflächennahe Bulk-Mikromechanik

Im Gegensatz zur Bulk-Mikromechanik, bei der Strukturen von mehreren 100 µm direkt in das Wafermaterial geätzt werden, bietet die Oberflächenmikromechanik die Möglichkeit Strukturen von unter 1 µm auf einkristallinen oder polykristallinen Siliziumwafern durch mehrere Ätz- und Abscheidungsvorgänge zu realisieren. Die Herausforderung bei der Herstellung dieser mikromechanischen Strukturen besteht vor allem in dem Erreichen sehr hoher Ätzgeschwindigkeiten, in der Verwirklichung großer Aspektverhältnisse und bei der Umsetzung senkrechter Wände bei gleichzeitig hoher Oberflächenqualität. Ein Durchbruch bei der Massenfertigung dieser mikromechanischen Strukturen gelang mit der Entwicklung eines speziellen Plasmaätzverfahrens, aus der Literatur als Deep Reactive Ion Etching (DRIE) bekannt [29]. Dieses Verfahren löste das bis dahin

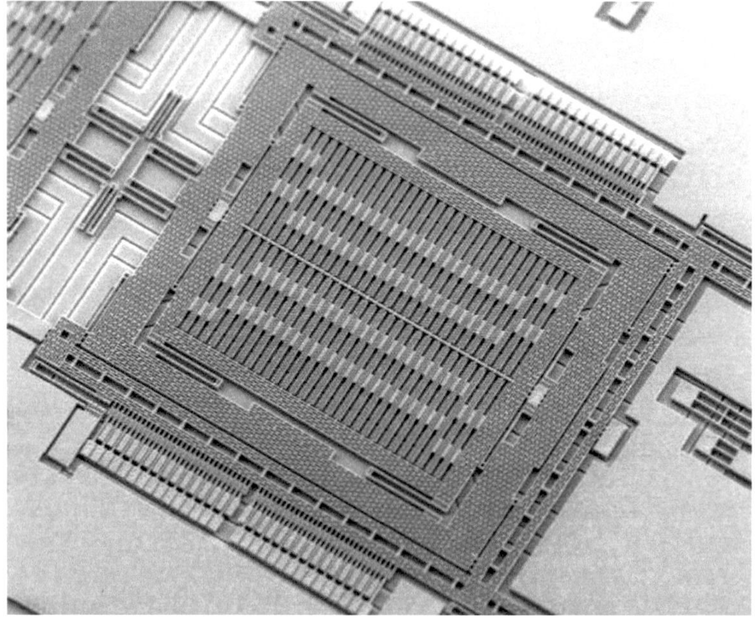

Abb. 2.1.: REM-Aufnahme der Teilstruktur des Drehratensensors CMG-074 hergestellt bei der Robert Bosch GmbH durch den oberflächenmikromechanischen Fertigungsprozess DRIE [39].

angewandte, sehr aufwendige und teure LIGA [1] Verfahren ab, bei dem die Mikrostrukturen auf Metallbasis hergestellt werden. Abbildung 2.1 zeigt einen Teilausschnitt des in dieser Arbeit verwendeten MEMS-Drehratensensors CMG-074, hergestellt in Oberflächenmikromechanik mittels DRIE.

2.2. Dynamik des Sensorelements

Der innerhalb dieser Arbeit, zum experimentellen Nachweis des energieeffizienten Betriebs eines kapazitiven mikromechanischen Drehratensensors, verwendete Drehratensensor ist der CMG-074 [39]. Dieser in Oberflächenmikromechanik gefertigte Drehratensensor basiert auf dem Corioliseffekt und besteht aus zwei identischen Teilstrukturen mit einer jeweils dreiteiligen Rahmenstruktur, schematisch in Abbildung 2.2 dargestellt. Die einzelnen Rahmen sind mittels U-Federn miteinander verbunden, um Bewegungsabläufe der Rahmen untereinander zu entkoppeln. Damit Corioliskräfte $\vec{F}_C$ an der Rahmenstruktur auftreten können, wird der Antriebsrahmen mittels Kammelektroden kontinuierlich in Bewegung versetzt. Allgemein ergibt sich die Corioliskraft $\vec{F}_C$ [62] zu

$$\vec{F}_C = -2m(\vec{\Omega} \times \vec{v}). \qquad [2.1]$$

In (2.1) bezeichnet m die schwingungsfähige Masse des Systems, $\vec{\Omega}$ die vorhandene Drehrate und $\vec{v}$ die vektorielle Geschwindigkeit des Systems. Bedingt durch die Tatsache, dass es sich bei dem vorliegenden Drehratensensor um einen Ω_z-Sensor [2] handelt, der Antriebsrahmen vom Detektionsrahmen über U-Federn entkoppelt ist und die Antriebsstimulation des Antriebsrahmens in x-Richtung erfolgt, ergibt sich für die Corioliskraft

$$\vec{F}_C = -2m \left(\frac{d}{dt} \varphi_z(t)\vec{e}_z \cdot \frac{d}{dt} x(t)\vec{e}_x \right)$$

$$= -2m \frac{d}{dt} \varphi_z(t) \frac{d}{dt} X_A \sin(\omega_A t)\vec{e}_y \qquad [2.2]$$

$$= -2m\Omega_z(t) X_A \omega_A \cos(\omega_A t)\vec{e}_y$$

---

[1]LIGA steht für die Verfahrensschritte Lithographie, Galvanik und Abformung und bezeichnet ein Verfahren zur Herstellung von Mikrostrukturen, welches auf einer Kombination von Tiefenlithographie, Galvanik und Mikroabformung basiert.

[2]Ein Ω_z-Drehratensensor ist ein Sensor, welcher externe Drehraten um seine Hochachse detektiert.

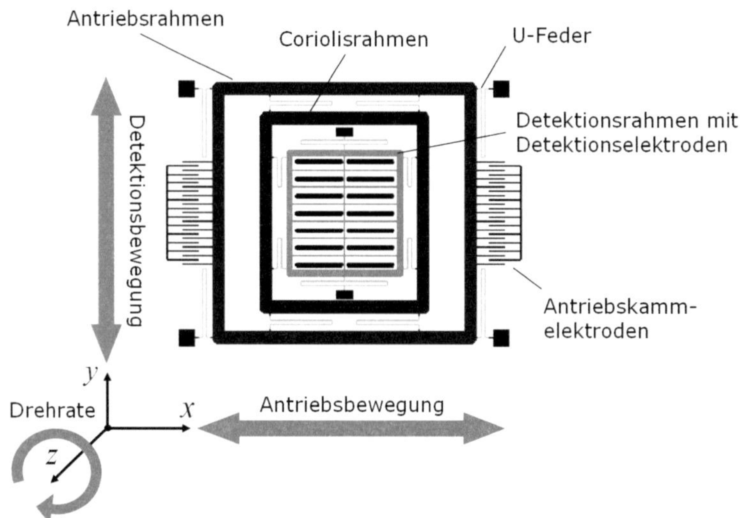

Abb. 2.2.: Teilstruktur des mikromechanischen Drehratensensors CMG-074 [50] bestehend aus Antriebs-, Coriolis- und Detektionsrahmen.

bei sinusförmiger Anregung des Antriebsrahmens. In (2.2) bezeichnet m die schwingungsfähige Masse des Sensors, X_A die Antriebsamplitude, ω_A die Antriebskreisfrequenz und Ω_z die vorhandene Drehrate um die z-Achse.

Um ein besseres Verständnis für die Funktionsweise des Drehratensensors zu erhalten, kann dieser mittels eines Feder-Masse-Dämpfer Systems mit zwei Bewegungsfreiheitsgraden modelliert werden. Das Bewegungsmodell ist idealisiert und vereinfacht in Abbildung 2.3 dargestellt. Es besteht aus der Coriolismasse m, den Federkonstanten k_x, k_y sowie den Dämpfungskonstanten D_x, D_y ebenfalls in x- und y-Richtung.

Die Bewegungsgleichungen für die Antriebs- und Detektionsbewegung ergeben sich damit zu

$$m_x\ddot{x} + D_x\dot{x} + k_x x = F_x \qquad [2.3]$$

$$m_y\ddot{y} + D_y\dot{y} + k_y y = F_y. \qquad [2.4]$$

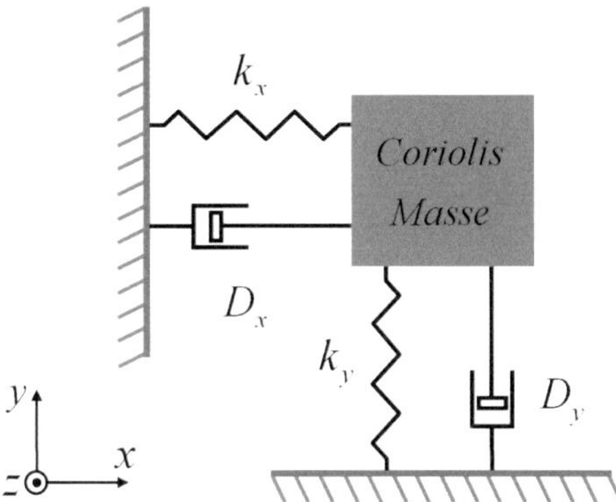

Abb. 2.3.: Drehratensensormodell bestehend, aus Feder-Masse-Dämpfer System mit zwei Freiheitsgraden

F_x und F_y bezeichnen externe Kräfte, welche an der schwingungsfähigen Masse des Sensors angreifen. Dies können sowohl Kräfte zur Antriebsstimulation, als auch Corioliskräfte innerhalb der Detektionsrichtung sein. Die oben angeführten Differentialgleichungen lassen sich mittels Laplace Transformation lösen. Hierbei ergeben sich folgende Übertragungsfunktionen des Bewegungsweges über der Kraft mit $s = j\omega$

$$H_x(s) = \frac{X(s)}{F_x(s)} = \frac{1}{m_x s^2 + D_x s + k_x} = \frac{1/m_x}{s^2 + (\omega_{0x}/Q_x)s + \omega_{0x}^2} \qquad [2.5]$$

$$H_y(s) = \frac{Y(s)}{F_y(s)} = \frac{1/m_y}{s^2 + (\omega_{0y}/Q_y)s + \omega_{0y}^2}, \qquad [2.6]$$

wobei $\omega_0 = \sqrt{k/m}$ die Resonanzfrequenz und $Q = \sqrt{km}/D$ die Güte des schwingungsfähigen Systems zweiter Ordnung bezeichnet. Amplitudengang $|H_x(s)|$ und Phasengang $\angle H_x(s)$ der Übertragungsfunktion des Antriebskreises ergeben sich zu

$$|H_x(s)| = \frac{1/m_x}{\sqrt{(\omega_{0x}^2 - \omega^2)^2 + \omega_{0x}^2 \omega^2 / Q^2}} \qquad [2.7]$$

$$\angle H_x(s) = -\arctan \frac{\omega_{0x}\omega}{(\omega_{0x}^2 - \omega^2)}. \qquad [2.8]$$

Amplitudengang $|H_y(s)|$ und Phasengang $\angle H_y(s)$ für die Detektionsbewegung sind analog zu den Übertragungsfunktionen des Antriebskreises in (2.8) zu betrachten. $|H(j\omega)|$

Abbildung 2.4 zeigt das Übertragungsverhalten des Antriebskreises des Sensorelements, aufgeteilt in Amplituden- und Phasengang. Hierbei wurde mit einer Resonanzfrequenz $f_{x_{res}} = 16kHz$ und Güten des Systems von $Q_{x1} = 10$ und $Q_{x2} = 1000$ gerechnet. Zu beachten ist, dass die Anregungsfrequenz nicht exakt mit der Resonanzfrequenz im Maximum des Amplitudengangs übereinstimmt, sondern leicht davon abweicht. Für Güten in der Größenordnung $10^2...10^3$ beträgt dieser Effekt mit dem formalen Zusammenhang

$$\omega = \omega_0 \cdot \sqrt{1 - 1/2Q^2}, \qquad [2.9]$$

maximal das $0,025 \cdot 10^{-3}$ -fache der Resonanzfrequenz und kann somit vernachlässigt werden.

2.3. Grundlagen der Elektrostatik

Elektrostatische Kräfte und Potentiale sind essentiell für die Funktionsweise eines kapazitiven mikromechanischen Drehratensensors. Durch Anlegen elektrischer Potentiale an die mikromechanische Struktur entstehen elektrische Felder, welche wiederum Kräfte generieren. Diese ermöglichen es, die Masse des Sensors in Bewegung zu versetzen. Umgekehrt können durch äußere Krafteinwirkung Änderungen von Spannungspotentialen auf Verschiebungen der Sensorstruktur zurückgeführt werden. Die Elektrostatik wird hierbei vor allem genutzt, um mechanische Antriebskräfte zu generieren, mechanische Federkonstanten zu kompensieren sowie Unsymmetrien während des Betriebs des

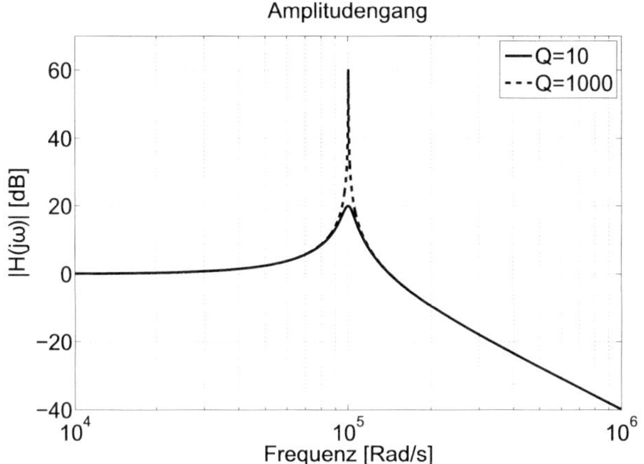

(a) Amplitudengang des Antriebsschwingers

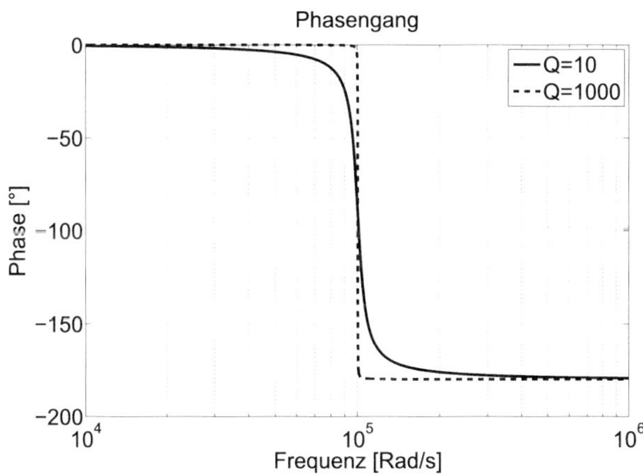

(b) Phasengang des Antriebsschwingers

Abb. 2.4.: Amplituden- und Phasengang der Sensorübertragungsfunktion des Antriebskreises für die Güten $Q = 10$ und $Q = 1000$

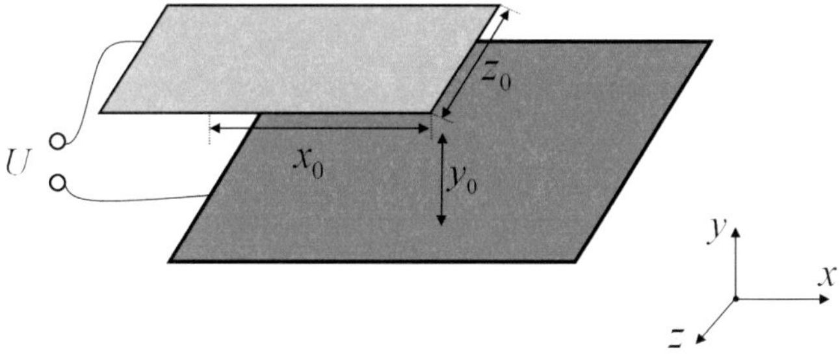

Abb. 2.5.: Allgemeiner Plattenkondensator

Sensors auszugleichen. Hierbei wird die elektrostatische Kraft $\vec{F}_{el}$ zwischen zwei Kondensatorplatten durch den Gradienten der auf dem Kondensator vorhandenen Energie W bei gegebener Spannung U zu

$$\vec{F}_{el} = -\nabla W = -\nabla \frac{CU^2}{2} \qquad [2.10]$$

bestimmt. Für eine allgemeine Konfiguration eines Plattenkondensators wie in Abbildung 2.5 dargestellt, ergibt sich die Gesamtkapazität

$$C(x,y,z) = \varepsilon_0 \varepsilon_r \frac{(z_0 - z)(x_0 - x)}{(y_0 - y)}, \qquad [2.11]$$

wobei $\varepsilon_0 = 8{,}854187 \cdot 10^{-12} \frac{As}{Vm}$ die Permitivität des Vakuums und ε_r die Permitivitätszahl angibt. In kapazitiven mikromechanischen Drehratenstrukturen kommen ausschließlich laterale und parallele Plattenkonfigurationen zum Einsatz. Im Folgenden wird die Elektrostatik für die laterale Kammstruktur zur Schwingungserregung und die parallele Plattenstruktur zur Signaldetektion betrachtet.

2.3.1. Elektrostatik der lateralen Kammstruktur

Um eine Drehrate messen zu können, muss die kontinuierliche Erregung des Sensorelementes gewährleistet sein. Diese Erregung erfolgt über einen elektrostatischen Kammantrieb mittels mehrerer Kammelektroden wie schematisch in Abbildung 2.6 dargestellt.

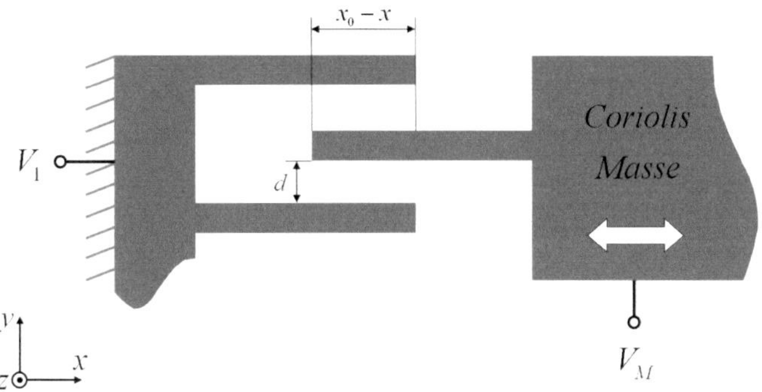

Abb. 2.6.: Teilausschnitt eines lateralen Antriebskammes zur Stimulation des Antriebsrahmens

Werden die Streufelder an den Kanten des Kammes vernachlässigt, ergibt sich die Kapazität C_K zwischen der ortsfesten und der beweglichen Antriebskammstruktur zu

$$C_K(x) = \frac{2\varepsilon_0 t N_K}{d}(x_0 - x) \qquad [2.12]$$

wobei t die Dicke der Struktur in z-Richtung, d den Plattenabstand und N_K die Anzahl der Elektrodenkämme bezeichnet. Die nominale Überlappung der Elektroden ist mit x_0 angegeben. Werden nun an die Mittelmasse der Struktur sowie an den stationären Antriebskamm die Spannungspotentiale V_M und V_1 angelegt, so ergibt sich die resultierende Kraft F_x

$$\begin{aligned}
F_x &= -\frac{\partial W}{\partial x} \\[2mm]
&= -\frac{1}{2}(V_1 - V_M)^2 \frac{\partial}{\partial x}\left[\frac{2\varepsilon_0 t N_K}{d}(x_0 - x)\right] \qquad [2.13] \\[2mm]
&= \frac{2\varepsilon_0 t N_K (V_1 - V_M)^2}{d}
\end{aligned}$$

Wie anhand von (2.13) zu erkennen ist, ist die Amplitude der resultierenden Kraft F_x zwischen der ortsfesten Antriebselektrode und der Mittelmassenelektrode unabhängig von der lateralen Verschiebung in x-Richtung. Um eine Kraftwirkung auf die Masse des Schwingers zu erzielen, sollten die Strukturtiefe und die Anzahl der Elektroden maximiert und der Abstand zwischen den Elektroden minimiert werden. Die laterale Kammstruktur findet bevorzugt bei Sensoranregung in der Ebene Verwendung.

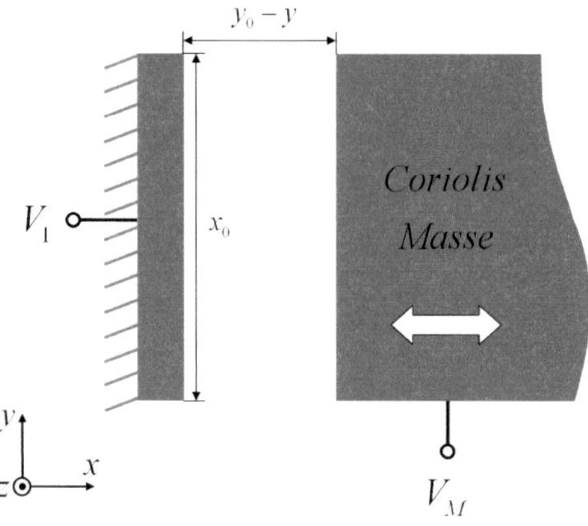

Abb. 2.7.: Parallele Plattenkonfiguration zur Detektion von Verschiebungen

2.3.2. Elektrostatik der parallelen Plattenstruktur

Um die sehr kleinen Auslenkungen des Sensors in Detektionsrichtung aufgrund von Coriolisbeschleunigungen zu detektieren, wird eine parallele Plattenkonfiguration genutzt. Sie hat gegenüber einer Detektion mittels lateraler Konfiguration der Kapazitätsstruktur den Vorteil einer höheren Empfindlichkeit.

Die Empfindlichkeit der in Abbildung 2.7 gezeigten Konfiguration ergibt sich zu

$$S_P = \frac{\partial C_p(y)}{\partial y} = \frac{\partial}{\partial y} \frac{\varepsilon_0 x_0 z_0 N_p}{(y_0 - y)}$$

$$= \frac{\varepsilon_0 x_0 z_0 N_p}{2} \frac{1}{(y_0 - y)^2},$$

[2.14]

wobei N_p die Anzahl der parallelen Kondensatorplatten bezeichnet. (2.14) zeigt deutlich die nichtlineare Abhängigkeit der Empfindlichkeit von einer Verschiebung in y-

Richtung. Das Verhältnis der Empfindlichkeiten der beiden Strukturen zueinander ist in (2.15) dargestellt.

$$\frac{S_K}{S_P} = \frac{\dfrac{\partial C_{Kamm}(x)}{\partial x}}{\dfrac{\partial C_P(y)}{\partial y}} =$$

$$= \frac{\dfrac{\varepsilon_0 z_0}{y_0}}{\dfrac{\varepsilon_0 z_0 x_0}{y_0^2}} = \frac{y_0}{x_0} << 1$$

[2.15]

Hierbei ist erkennbar, dass bei gleichem Abstand von paralleler und lateraler Plattenstruktur die Empfindlichkeit einer parallelen Plattenstruktur, abhängig von den gegebenen Geometrieparametern, etwa um eine Größenordnung höher ist. Die kapazitive Empfindlichkeit in Abhängigkeit von der Verschiebung ist ein zentraler Parameter bei der Entwicklung von mikromechanischen Drehratensensoren. Sofern die Verschiebungen in Bezug auf die Ruhelage der Sensormasse klein gehalten werden, kann die Nichtlinearität der kapazitiven Empfindlichkeit als vernachlässigbar betrachtet werden.

2.3.3. Elektrostatische Federkonstante

Die elektrostatische Kraft auf eine Plattenstruktur nach Abbildung 2.7 ist mit

$$F_{el,P} = \frac{\varepsilon_0 x_0 z_0 U^2}{2(y_0 - y)^2}$$

[2.16]

gegeben. Wie bereits erwähnt, ist diese Kraft nichtlinear bezüglich der Verschiebung in y-Richtung. Diese Nichtlinearität kann nun mittels einer Taylorentwicklung linearisiert werden, um eine für kleine Verschiebungen entlang der y-Achse gültige Näherung zu erhalten. Bei einer Taylorentwicklung ergibt sich die Kraft $F_{el,P}$ zu

$$F_{el,P}|_{y=0} \approx -\frac{\varepsilon_0 x_0 z_0 U^2}{2 y_0^2} + \frac{\varepsilon_0 x_0 z_0 U^2}{y_0^3} y$$

$$= F_{0,P} + k_{el} \cdot y.$$

[2.17]

Daraus folgt ein konstanter Kraftbeitrag, welcher von der Plattengeometrie abhängig ist sowie ein Kraftbeitrag proportional zur Auslenkung in y-Richtung. Dieser zweite Term, welcher proportional zur Auslenkung der Coriolismasse ist, kann als elektrische Federkonstante k_{el} interpretiert werden. Betrachtet man nun den Detektionskreis eines kapazitiven mikromechanischen Drehratensensors mit einer Plattenkondensatorkonfiguration, so kann dieses System physikalisch als Feder-Masse System zweiter Ordnung beschrieben werden. Die Differentialgleichung hierzu lautet

$$m_y\dot{y}(t) + D_y\ddot{y}(t) + k_y y(t) = F_y, \qquad [2.18]$$

wobei m_y die Masse, D_y die Dämpfungskonstante und k_y die Federkonstante des Systems bezeichnet. Durch Anlegen einer elektrischen Spannung an die Kondensatorplatten ergibt sich ein neues Kräfteverhältnis.

$$m_y\dot{y}(t) + D_y\ddot{y}(t) + k_y y(t) = F_y + F_{el}$$

$$m_y\dot{y}(t) + D_y\ddot{y}(t) + \left(k_y - \frac{\varepsilon_0 x_0 z_0 U^2}{y_0^3}\right) y(t) = F_y - \frac{\varepsilon_0 x_0 z_0 U^2}{2y_0^2} \qquad [2.19]$$

$$m_y\dot{y}(t) + D_y\ddot{y}(t) + k_{eff} y(t) = F_y - \frac{\varepsilon_0 x_0 z_0 U^2}{2y_0^2}$$

Somit kann die Konstante k_{el}, beschrieben durch

$$k_{el} = \frac{\varepsilon_0 x_0 z_0 U^2}{y_0^3}, \qquad [2.20]$$

als negative Federkonstante aufgefasst werden und es ergibt sich eine effektive Federkonstante des Systems von $k_{eff} = k_y - k_{el}$. Da die Federkonstante k_{eff} direkten Einfluss auf die Resonanzfrequenz des Systems hat, ist es möglich, diese durch externe Aufschaltung einer elektrischen Spannung geeignet zu beeinflussen. Dieser Vorgang wird bei kapazitiven mikromechanischen Drehratensensoren als Mode-Matching [61, 5, 72] bezeichnet. Durch das Mode-Matching wird erreicht, dass die Resonanzfrequenz des Detektionsschwingers, welche normalerweise mehrere hundert Hertz oberhalb der des Antriebsschwingers festgelegt wird, genau mit der Frequenz des Antriebsschwingers übereinstimmt. Durch diesen Anpassvorgang kann die maximale Verstärkung des Detektionsschwingers genutzt und somit ein Drehratensignal mit maximalem Signalgewinn erzielt werden.

3. Signalverarbeitung des Referenzsystems

3.1. Echtzeitsimulation

Die Entwicklung mikromechanischer Sensoren sowie deren ganzheitliche Betrachtung erfordert einen hohen simulativen und analytischen Berechnungsaufwand, um die Wirkungsweise und Zusammenhänge in einem Gesamtsystem beschreiben zu können. Der klassische Entwurfsprozess für mikromechanische Drehratensensoren ist hierbei mit einem hohen Entwicklungsaufwand, langen Entwicklungszeiten und erheblichen Kosten verbunden. Bedingt durch den hohen Marktdruck bei mikromechanischen Sensoren im Bereich der Automobil- und Verbrauchsgüterindustrie durch immer kürzer werdende Entwicklungszeiten und höhere Kostenanforderungen sind neue Methodiken für einen effizienten und kostengünstigen Entwurf solcher Sensoren gefordert.

In herkömmlichen Entwicklungsprozessen wird zunächst, ausgehend von dem technologischen Know-how, die mikromechanische Sensorkomponente anhand der vorgegebenen Spezifikation entwickelt und die grundlegende Verhaltensweise simulativ analysiert. Anschließend erfolgt die simulative Verknüpfung des mikromechanischen Sensorelements mit dem Auswertesystem. Ist dieser Schritt erfolgreich, so kann die ASIC-(Application Specific Integrated Circuit) Entwicklung für dieses Sensorelement gestartet werden. Hierbei wird zunächst auf analytische Berechnungen und Simulationen zurückgegriffen. Die ersten aus diesem Entwicklungsprozess entstehenden ASIC-Prototypen sind aufgrund nicht berücksichtigter Effekte nach der Verknüpfung mit dem realen Sensorelement noch sehr fehleranfällig. Häufig ist deshalb die Herstellung mehrerer ASIC-Prototypen notwendig. Da diese Rekursionen bei der Verifikation des Gesamtsystems zu einem sehr späten Entwicklungszeitpunkt erfolgen können und diese mitunter Änderungen hinein in sehr frühe Designphasen erfordern, ist dieser konventionelle Entwurfsprozess mit sehr großen Kosten, zeitaufwendigen Verifikationszyklen und einem hohen Risiko verbunden.

Die in dieser Arbeit vorgestellte Entwicklungsmethodik mit Unterstützung des ASIC-Entwurfs durch FPGA (Field Programmable Gate Array) Technologie [50], wie im Folgenden beschrieben, bietet hierbei ein sehr großes Potential an Effizienz zur Kostensenkung und Reduktion des Entwicklungsaufwands. Ermöglicht wird dies dadurch, dass zu einem sehr frühen Zeitpunkt die Verifikation des realen Sensors mit einem FPGA-Prototypen in Echtzeit erfolgen kann. Nicht simulativ erfasste Effekte des Sensorelementes können frühzeitig wahrgenommen und entsprechende Korrektur- und Optimierungsaßnahmen eingeleitet werden. Die Anwendung eines FPGAs anstelle eines ASIC ermöglicht zudem eine schnelle und flexible Umsetzung von Rekursionen bei der Verifikation des Gesamtsystems. Der Einsatz von FPGA-Prototypen wie das nachfolgend vorgestellte CIEB [1] ersetzen hierbei nicht den ASIC-Entwurf, tragen aber sehr deutlich zur einem effizienten, kostengünstigen, flexiblen und weniger risikobehafteten Entwicklungsprozess einer Auswerteelektronik für mikromechanische Sensoren bei.

3.1.1. Entwicklungsmethodik

Die Existenz von IEEE (Institute of Electrical and Electronics Engineers) Standards förderte eine breite Akzeptanz der Hardwarebeschreibungssprachen und forcierte damit die Entwicklung von leistungsstarken CAD (Computer Added Design) Werkzeugen im Bereich der Mikroelektronik. Bedingt durch die steigende Komplexität der Designs sowie immer kürzer werdenden Entwicklungszeiten, war man gezwungen, eine zielführende Entwurfsmethodik für den digitalen Systementwurf zu entwickeln. Hierbei hat sich die Top-Down-Methode als leistungsstarke Entwurfsmethodik, ausgehend von der Systemebene bis hin zur Transistorebene, erfolgreich in industriellen Anwendungen [38, 37] etabliert. Somit ist heute dem Systementwickler auf einem sehr breitbandigen Spektrum von Hardwareplattformen die Möglichkeit gegeben, eigene Schaltkreise in einer gewünschten HDL (Hardware Description Language) zu erzeugen. Abbildung 3.1 zeigt allgemein die Gliederung der einzelnen Entwurfsbereiche anhand der Top-Down Entwurfsmethodik. In jeder dieser Abstraktionsebenen wird der zu entwerfende Schaltkreis in HDL, wie z.B. funktionalem VHDL oder synthesefähigem VHDL (Very High speed integrated circuit Hardware Description Language) beschrieben. Die unterste Ebene, die

---

[1]Compact Inertial Evaluation Board: Im Rahmen dieser Arbeit entwickelte modulare Auswerteelektronik zur Verifikation von MEMS Drehratensensoren mit Unterstützung von FPGA-Technologie

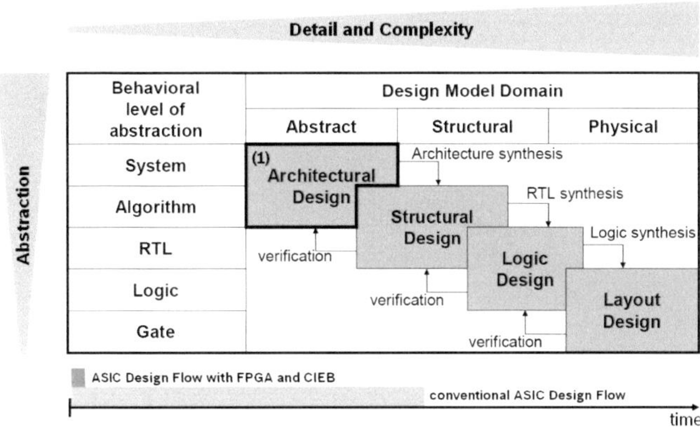

Abb. 3.1.: Gliederung des Entwurfsprozesses von DSV-Systemen in einzelne Entwurfsbereiche; Dem Entwurfsprozess liegt die Top-Down Methodik von der übergeordneten Systemebene bis hin zur Gatterebene zugrunde.

Gatterebene, gibt eine exakte Beschreibung der Operatoren und Variablen des endgültigen Schaltkreises auf Transistorlevel wieder. Die deutliche Zunahme der Komplexität, von dem abstrakten Modellierungsbereich, in dem die Systemebene und algorithmische Ebene angegliedert sind, über den strukturellen und logischen Modellierungsbereich bis hin zu dem physikalischen Modellierungsbereich, vertreten durch das endgültige Layout, ist deutlich erkennbar.

Die in dieser Arbeit angewandte Methodik ermöglicht durch die Nutzung einer Software zur generischen VHDL-Implementierung nach dem Entwurf der Systemebene das strukturelle, logische und Layout Design automatisch zu generieren. Der Entwickler kann sich hierbei auf den architekturiellen Entwurf auf Systemebene und algorithmischer Ebene in Abbildung 3.1 mit (1) gekennzeichnet fokussieren. Durch diese Aufteilung des methodischen Top-Down Ablaufs wird sowohl eine deutliche Zeitersparnis bei der Implementierung eines Systemmodells als auch bei der Verifikation und den damit verbundenen Rekursionen erzielt. Ein weiterer entscheidender Vorteil der hier vorgestellten Methodik ist, dass die komplette Systementwicklung bis hin zur Implementierung und Verifikation in der Zielhardware in wenigen Stunden bis Tagen erfolgen kann, wo zuvor ein Team mit mehreren Entwicklungsingenieuren mehrere Wochen bis Monate benötigte. Abbildung 3.2 zeigt das übergeordnete Ablaufschema bei der Top-

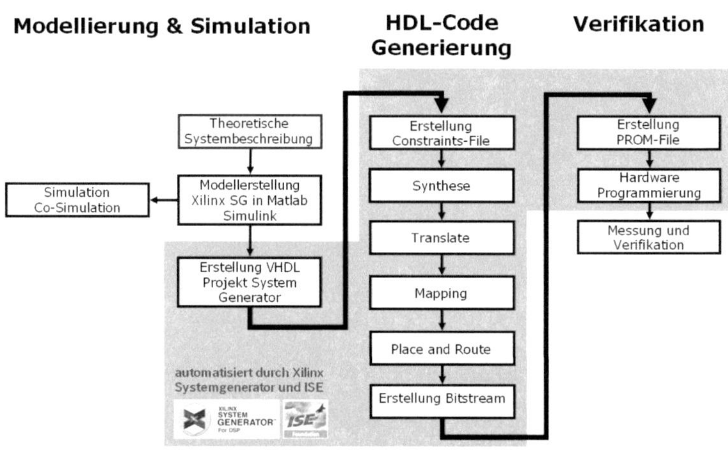

Abb. 3.2.: Entwurfsabfolge bei der DSV-Systementwicklung mit dem in dieser Arbeit entwickelten Compact Inertial Evaluation Board; Die grau hinterlegten Bereiche können automatisiert durch die Softwarewerkzeuge ISE und Xilinx System Generator erstellt werden.

Down-Modellierung mit dem in dieser Arbeit entwickelten CIEB, ausgehend von der systemtheoretischen Beschreibung bis hin zur Messung und Verifikation in der FPGA-Zielhardware. Die komplette Modellierung des DSV (digitale Signalverarbeitungs)-Systems findet innerhalb der MATLAB Simulink Umgebung statt, in der eine Bibliothek mit speziellen synthesefähigen digitalen Hardwarebausteinen in Verbindung mit dem Xilinx System Generator (XSG) angeboten wird. Die Hardware Code Generierung erfolgt ebenfalls ausgehend von XSG, welches zunächst eine HDL-Projektdatei erstellt. Aus diesem HDL-Projekt kann dann über das weitere Softwaretool, Integrated System Environment (ISE) [68] ein PROM-File erzeugt werden. Dieses PROM (Programmable Read Only Memory)-File bildet nun das ursprünglich in Matlab Simulink entworfene DSV-System gemäß Abbildung 3.3 direkt auf das FPGA und die damit verknüpfte Hardware ab. Nach diesem Implementierungsschritt sind weitreichende Messungen und Verifikationen mit dem FPGA-Prototypen möglich. Da bei diesem Ablauf der Systementwickler von detailliertem Fachwissen der Hardwarebeschreibungssprache VHDL entkoppelt ist, kann er sich primär der Systemmodellierung zuwenden. Somit bietet die-

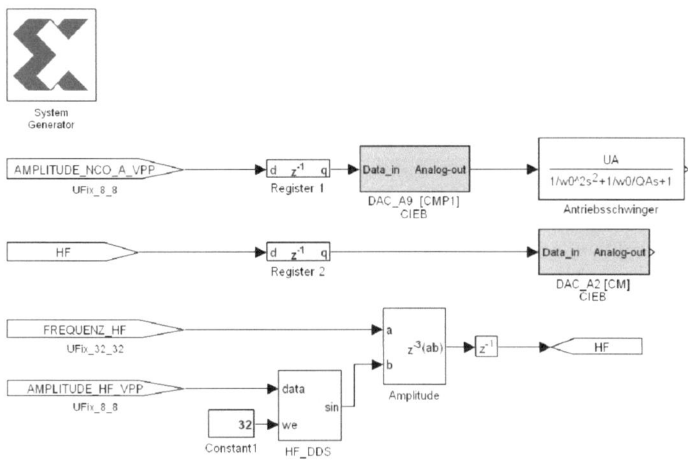

Abb. 3.3.: Synthesefähige Modellbausteine des XSG unter Matlab Simulink

se Entwicklungsmethodik die Möglichkeit zur effizienten Entwicklung und Verifikation selbst komplexer DSV-Systeme auf Systemebene mit graphischer Benutzeroberfläche.

3.1.2. Software

Ausgehend von einer systemtheoretischen Beschreibung besteht bei der Modellierung die Aufgabe, diese über die in Abbildung 3.1 aufgezeigten Abstraktionslevel in eine geeignete Hardwarelösung zu transferieren. XSG stellt hierbei eine funktionale Erweiterung von Matlab Simulink dar, in der eine spezielle Bibliothek von digitalen synthesefähigen Hardwarebausteinen zur Verfügung gestellt wird. Die Software unterstützt die Entwicklung von hierarchischen und modularen Modellen, wobei komplexe digitale Systeme auf hohem Abstraktionslevel entworfen werden können. Die traditionelle Hardwarebeschreibungssprache wird dadurch auf graphische Module erweitert, welche eine detaillierte Kenntnis dieser komplexen Sprache nur bedingt erfordern. Diese Abstraktion reduziert sehr deutlich den Zeitaufwand, der für die Entwicklung des Designs und der Hardwareimplementierung notwendig ist. Zusätzlich werden Hardware-Simulation und hardware-in-the-loop Verifikation in dieser Umgebung unterstützt.

In der vorliegenden Arbeit wurde MATLAB 2006b, System Generator 9.2 und ISE 9.2. Integrated Software Environment (ISE) der Firma Xilinx verwendet. ISE ist eine Entwurfsumgebung, bestehend aus mehreren Modulen in HDL, die zur Erfassung, Generierung, Simulation und Implementierung des digitalen Designs in die FPGA Zielhardware benötigt wird. Die Synthese dieser Module erstellt Netzlisten, die dem Implementierungsmodul als Eingangsdaten dienen. Nach der Generierung dieser Daten wird das Logik-Design in eine Bitdatei umgewandelt, um in das PROM des FPGA geschrieben werden zu können. Ist die physikalische Implementierung des digitalen Systemmodells erfolgt, kann die Verifikation durchgeführt werden. Hierzu wurde LabWindows CVI [18] genutzt. LabWindows CVI bietet eine frei programmierbare virtuelle Messoberfläche zur Steuerung der Systemparameter innerhalb des FPGA während der Laufzeit, Visualisierung von Messdaten sowie Durchführung von automatisierten Messzyklen. Über eine bereitgestellte USB (Universal Serial Bus) Schnittstelle lassen sich sehr komfortabel Daten aus dem FPGA bidirektional verarbeiten und somit Sensormessdaten innerhalb eines PC analysieren und weiterverarbeiten.

3.1.3. Hardware

Um die einzelnen digitalen Algorithmen und Modelle auf einen realen mikromechanischen Drehratensensor anwenden zu können, wird eine hierfür geeignete Hardwareplattform benötigt. Die Hardwareplattform ermöglicht es, den analogen Systembereich des Sensors mit dem digitalen Systembereich zur Signalverarbeitung zu verknüpfen. Die Umsetzung dieser Hardware erfolgte in dem innerhalb dieser Arbeit entwickelten CIEB. Das CIEB besteht aus drei modularen Teilkomponenten, um eine hohe Flexibilität und Designfreiheit zu gewährleisten.

Abbildung 3.4 zeigt das CIEB, welches zur Verifikation der neuartigen Systemalgorithmen in Verbindung mit einem FPGA genutzt wurde. Die oberste Platine ist die so genannte Sensorplatine. Auf ihr befindet sich die mechanische Aufnahme für den Drehratensensor sowie die diskreten Elektronikbausteine für die analoge Vorverstärkung der Sensormesssignale. Diese Platine wurde so entworfen, dass sie jederzeit durch eine Änderung des Layouts auf unterschiedliche Mess- und Sensoranwendungen flexibel adaptiert werden kann. Durch den modularen Aufbau der Hardware ist die Nutzung unterschiedlicher Sensorplatinen in Verbindung mit einer Wandlerplatine möglich. Die

Abb. 3.4.: In dieser Arbeit entwickeltes Compact Inertial Evaluation Board (CIEB) zur Verifikation von Systemkonzepten für mikromechanische Inertialsensoren; Das Board besteht aus drei modularen Komponenten: oben: Sensorboard, mitte: Wandlerplatine, unten: FPGA-Modul.

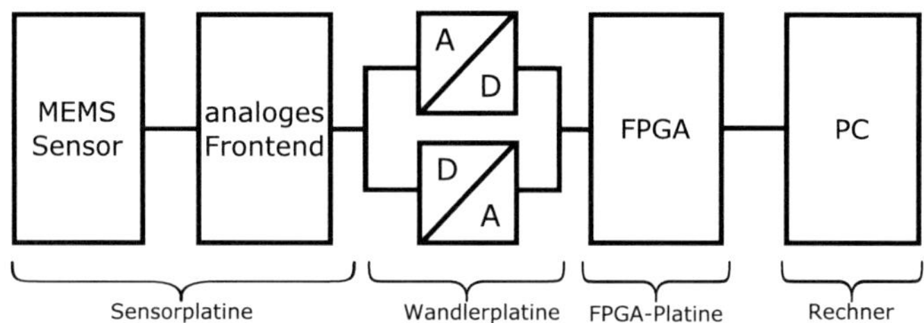

Abb. 3.5.: Schematische Gliederung des Compact Inertial Evaluation Boards in die drei modularen Teilbereiche; Über eine USB-Schnittstelle ist die Kommunikation zu einem Rechner gewährleistet.

Verbindung zur Wandlerplatine wird über zwei 120-polige Platinensteckverbinder hergestellt, welche Signale für die Spannungsversorgung, D/A (Digital / Analog)- und A/D (Analog / Digital)-Wandlung sowie Ein- und Ausgänge zum FPGA bereitstellen.

Auf der Wandlerplatine befinden sich die Elektronikkomponenten zur D/A- und A/D-Wandlung. Dabei handelt es sich um einen dualen 14 bit Wandler mit einer maximalen Samplerate von 125 MSPS pro Kanal. Der duale A/D-Wandler, hat eine Auflösung von 14 bit und eine maximale Abtastrate von 20 MSPS pro Kanal. Weiter befindet sich auf der Wandlerplatine ein Elektronikbaustein, welcher die USB Kommunikation mit einem Rechner über USB 2.0 gewährleistet. Auf der Wandlerplatine sind ebenfalls zweistufige Operationsverstärkerschaltungen pro Ausgangskanal der D/A Wandler vorgesehen. Diese sind zum einen ein rauscharmer Operationsverstärker sowie ein Hochvoltausgangsverstärker zur Generierung von analogen Ausgangssignalen, mit denen die Mikromechanik elektrostatisch stimuliert werden kann. Auf der Unterseite der Wandlerplatine befindet sich die Aufnahme für das FPGA-Modul, realisiert durch hochdichte Platinensteckverbinder. Für die Untersuchung der Konzepte innerhalb dieser Arbeit wurde ein Baustein der Virtex-II Familie [67] verwendet.

Eine Übersicht über die schematische Gliederung der modularen Hardware ist in Abbildung 3.5 dargestellt. Über die USB-Schnittstelle und einer bei der Robert Bosch GmbH entwickelten Kommunikationsplattform [28] ist es möglich, interne Daten des FPGA auszulesen sowie Systemparameter zur Signalverarbeitung der Sensordaten in Echtzeit zu verändern. Diese echtzeitfähige Datenkommunikation, zwischen dem FPGA und einem PC über USB bietet somit eine kostengünstige Alternative zu teuren digitalen Speicheroszilloskopen, Spektrum- und Logik-Analysatoren.

In Kombination des CIEB mit den zuvor vorgestellten Softwarekomponenten ergibt sich eine effiziente, leistungsstarke und flexible Entwicklungsumgebung zur Charakterisierung und Verifikation von digitalen aber auch analogen Auswertekonzepten für kapazitive mikromechanische Inertialsensoren.

3.2. Auswerteverfahren zur Signaldetektion

Zahlreiche technische Realisierungen zur Signaldetektion unterschiedlicher physikalischer Effekte bei mikromechanischen Inertialsensoren sind bereits entwickelt und untersucht worden. Hierzu zählen piezoresistive [45, 31, 65], piezoelektrische [65, 44], auf dem Tunneleffekt [33, 70] basierende und kapazitive Sensor-Interfaces [30, 39]. Die kapazitiven Sensor-Interfaces sind in industriellen Anwendungen weit verbreitet, da diese eine hohe Kompatibilität zu den vorhandenen Fertigungsprozessen, hohe Robustheit und bessere Leistungsfähigkeit als vergleichbare Interface-Lösungen aufzeigen. Im Folgenden werden Auswertekonzepte zur Messung von kapazitiven Sensorsignalen mikromechanischer Systeme vorgestellt.

3.2.1. Kapazitive Signalwandlung

Bei kapazitiven MEMS-Inertialsensoren sind Kapazitätsänderungen im Bereich von wenigen aF [2] elektronisch zu detektieren. Die zu detektierenden Kapazitätsänderungen sind oft um Größenordnungen kleiner als die Eingangskapazität des detektierenden Transistors. Somit werden sehr hohe Anforderungen an die Signalverarbeitung gestellt. Die zu detektierenden Signale können niederfrequent, bei mikromechanischen Druck- und Beschleunigungssensoren oder hochfrequent, bei mikromechanischen Drehratensensoren, sein. In Abbildung 3.6 wird die Signalwandlung, ausgehend vom MEMS Sensorelement hin zu einem elektrischen Signal, aufgezeigt. Die Sensitivität der Signalwandlung ist abhängig von der Übertragungsfunktion $H(s)$ des Sensors, der damit verbundenen mechanischen Empfindlichkeit $\frac{dy}{d\Omega_z}$, der Empfindlichkeit der Detektionskapazität bei mechanischer Auslenkung in y-Richtung $\frac{dC}{dy}$ sowie der Empfindlichkeit des CU-Wandlers

---

[2] $1\,\mathrm{aF} = 1\ \text{Atto Farad} = 1 \cdot 10^{-18}\,\mathrm{F}$

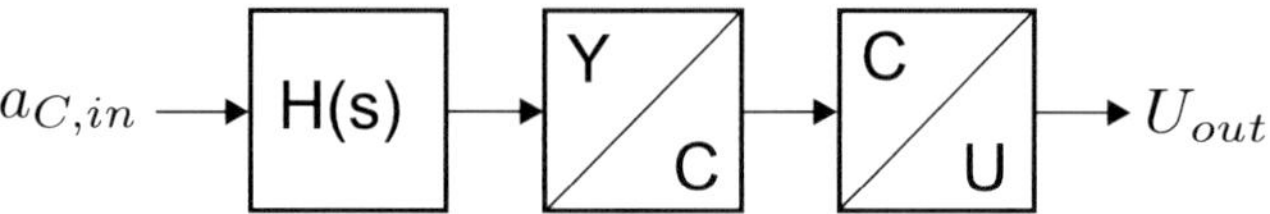

Abb. 3.6.: Signalwandlungskette von der mechanischen Auslenkung bis hin zu einem elektrischen Spannungssignal

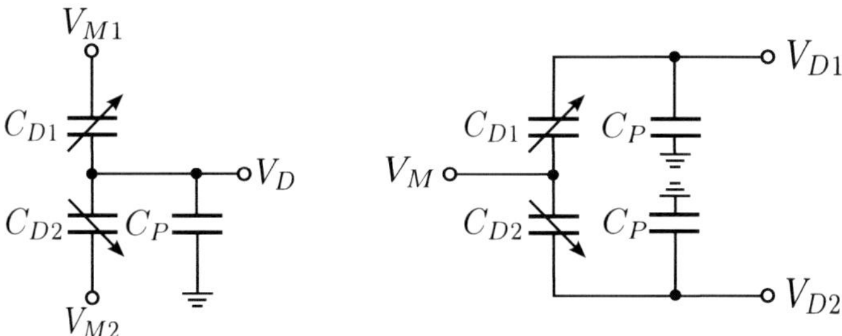

Abb. 3.7.: Einpolige und differentielle Signalauswertung zur Detektion der Kapazitätsänderungen an den Detektionselektroden der mikromechanischen Sensorstruktur

$\frac{du_{out}}{dC}$. Die statische Empfindlichkeit bei der Drehratendetektion lässt sich beschreiben durch

$$\frac{\partial U_{out}}{\partial \Omega_z} = \frac{\partial U_{out}}{\partial C} \cdot \frac{\partial C}{\partial y} \cdot \frac{\partial y}{\partial \Omega_z}. \qquad [3.1]$$

Abhängig von den technologischen Möglichkeiten ergeben sich unterschiedliche Konfigurationen für die Detektion der Kapazitätssignale. Hierzu gehört die Auswertung einer einzelnen Kapazität sowie kapazitive Halb- und Vollbrücken. Die in Abbildung 3.7 dargestellten Auswertekonfigurationen wie die kapazitive Halbbrücke in einpoliger und differentieller Auswertung, sind gängige technische Umsetzungen bei mikromechanischen Drehratensensoren. Für die einpolige und differentielle Auswertung ergibt sich jeweils die Möglichkeit der Basisbandauswertung oder Modulation des Messsignals mit einer Trägerfrequenz. Die parasitären Kapazitäten, zusammengefasst zu einer Gesamtkapazität C_P in Abbildung 3.7, können hierbei das Übertragungsverhalten der Signalauswerteschaltung stark limitieren.

Zahlreiche kapazitive Auswertekonzepte zur Messung von Kapazitätsänderungen bei mikromechanischen Drehratensensoren, Beschleunigungssensoren und Drucksensoren

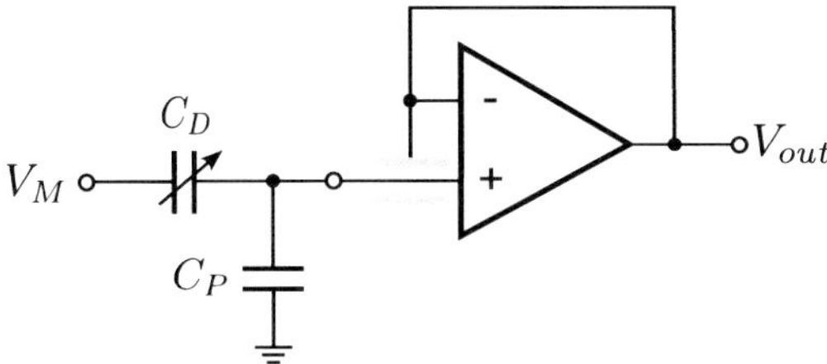

Abb. 3.8.: Spannungsfolger zur Signalwandlung der Kapazitätsänderung einer einpoligen Detektionskapazität; Durch eine Schirmung des Signaleingangs kann die Empfindlichkeit gegenüber parasitären Eingangskapazitäten abgesenkt werden.

sind bereits etabliert [69, 47]. Im Folgenden werden diese Auswertekonzepte in zeitkontinuierliche und zeitdiskrete Konzepte unterschieden.

3.2.2. Zeitkontinuierliche C/U-Wandlung

In Abbildung 3.8 ist die kapazitive Wandlung durch einen Spannungsfolger, auch Impedanzwandler genannt, realisiert. Diese Schaltungsart ist für das Auswerten einer einzelnen veränderbaren Kapazität geeignet. Die Ausgangsspannung $U_{out} = V_{out} - V_{GND}$ in Abbildung 3.8 ergibt sich bei konstantem Elektrodenpotential V_M zu

$$U_{out} = \frac{C_{D0} + \Delta C_D}{C_{D0} + C_P + \Delta C_D} \cdot (V_M - V_{GND}). \qquad [3.2]$$

In (3.2) ist die Abhängigkeit der Ausgangsspannung U_{out} von der Größe der Detektionsruhekapazität C_{D0} und der parasitären Kapazität C_P erkennbar. Bei der Messung sehr kleiner Kapazitätsänderungen ΔC_D kann eine sehr starke Beeinflussung durch C_P und C_{D0} bestehen und so die Empfindlichkeit der Signalübertragung um Größenordnungen herabgesetzt werden. Durch eine Abschirmung des Messeingangs mit dem Ausgang des Impedanzwandlers kann die effektiv am Eingang wirkende parasitäre kapazitive Last herabgesetzt und der Empfindlichkeitsverlust verringert werden. Bei der in Abbildung 3.8 dargestellten Schaltung mit statischem Spannungspotential V_M bestehen zusätzliche Störeinträge auf das Messsignal, bedingt durch Offset, Drift und der 1/f-Eingangsrauschcharakteristik des Operationsverstärkers. Durch Modulation der Referenzspannung $U_M = (V_M - V_{GND})$ können wie später gezeigt wird, diese Störeinflüsse beseitigt werden.

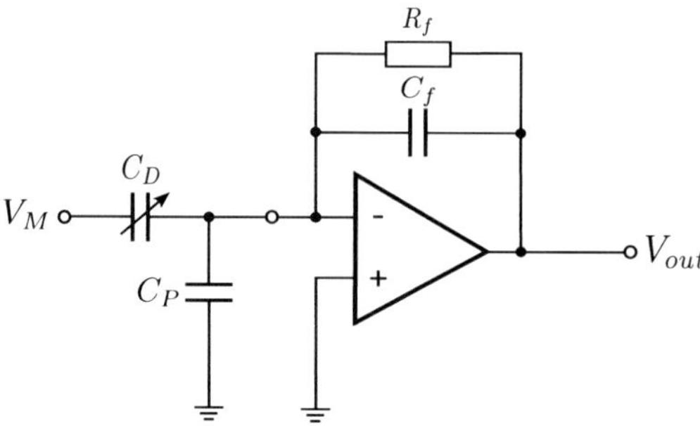

Abb. 3.9.: Transimpedanzverstärker zur Signalwandlung der Kapazitätsänderung einer einpoligen Detektionskapazität

Ein weiteres weit verbreitetes Prinzip zur C/U-Wandlung bei mikromechanischen Sensoren ist die Anwendung eines Transimpedanzverstärkers. Der Vorteil des in Abbildung 3.9 dargestellten Transimpedanzverstärkers ist, dass sich das Potential am Eingangsknoten des Verstärkers auf virtueller Masse befindet. Dies hat zur Folge, dass die parasitäre Kapazität C_P kurzgeschlossen ist und somit einen geringeren Einfluss auf das Übertragungsverhalten ausübt. Dennoch verstärkt die parasitäre Kapazität das Messrauschen und beeinflusst die Bandbreite des Messverstärkers. Die Übertragungsfunktion der in Abbildung 3.9 dargestellten Schaltung ergibt sich zu

$$U_{out} = -U_M \cdot \frac{j\omega R_f(C_{D0} + \Delta C_D)}{(1 + j\omega C_f R_f)} \qquad [3.3]$$

Bei der zuvor genannten Basisbandauswertung können die Sensorsignale stark von dem (1/f)-Rauschen der aktiven Komponenten beeinträchtigt sein. Weiterhin ist ein sehr großer Biaswiderstand, in der Größenordnung von mehreren $M\Omega$ notwendig. Zum einen, um eine hohe Zeitkonstante zu erzielen, damit das Messsignal durch die Hochpasscharakteristik der Übertragungsfunktion nicht zu stark gedämpft wird und zum anderen, um den widerstandsbedingten Rauscheintrag gering zu halten.

Um den Effekten von Offset und 1/f-Rauschen der Eingangsverstärker entgegenzuwirken, kann als Auswertekonzept die sogenannte Chopperstabilisierung [20, 66, 34] verwendet werden. Dies ist ein Verfahren, bei dem das Messsignal zusätzlich auf eine Trägerfrequenz moduliert wird. Die Trägerfrequenz befindet sich im Bereich von mehreren 10 kHz bis 10 MHz. In Abbildung 3.10 sind die einzelnen Signalbereiche bei der

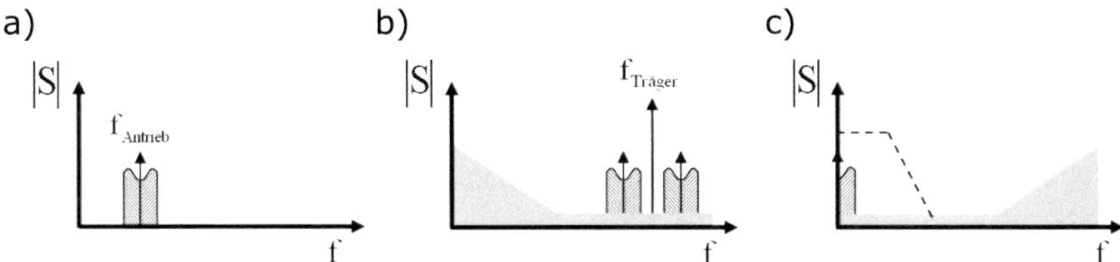

Abb. 3.10.: Trägerfrequente Auswertung des Drehratendetektionssignals mit dem Chopper-Messverfahren; a)Analoges Drehratensignal moduliert mit der Antriebsfrequenz b)Mit der Trägerfrequenz moduliertes Drehratendetektionssignal c) Demoduliert und tiefpassgefiltertes Drehratensignal

Modulation dargestellt. Das Drehratendetektionssignal ist hierbei ein moduliertes Signal, bestehend aus dem eigentlichen Drehratensignal moduliert mit dem Antriebssignal des Sensorelements. Nach der Modulation des Drehratendetektionssignals mit der Trägerfrequenz f_M resultiert ein Spektrum, bei dem sich das Detektionssignal moduliert mit dem Trägersignal außerhalb des Störspektrums befindet. Das Störspektrum wird durch Offsetfehler verursacht und liegt oberhalb der Eckfrequenz des 1/f-Rauschens. Um das modulierte und verstärkte Signal nun im Basisband zurückzugewinnen, ist eine zusätzliche Demodulation mit der Trägerfrequenz f_M, sowie eine Tiefpassfilterung erforderlich. Durch eine trägerfrequent Auswertung können die oben genannten Störeinflüsse minimiert und C/U-Wandler mit sehr geringem Eingangsrauschen realisiert werden. Allerdings ist die Implementierung des sehr hochohmigen Widerstandes R_f innerhalb des Rückkoppelzweiges gemäß Abbildung 3.9 in integrierter Form für eine entsprechende Zieltechnologie häufig sehr problematisch und erfordert eine beträchtliche Chipfläche. Aufgrund dieses Sachverhalts ist diese Schaltungsarchitektur eher für eine diskrete Implementierung geeignet.

3.2.3. Zeitdiskrete C/U-Wandlung

Bisher sind analoge kapazitive Messverfahren zur CU-Wandlung vorgestellt worden. Zu diesen gibt es die Möglichkeit der zeitdiskreten Messwerterfassung. Die zeitdiskrete Implementierung eines Interfaces zur Messung von Kapazitätswerten erfolgt typischerweise in einer SC (Switched Capacitor)-Implementierung [47, 63]. Die Idee bei der

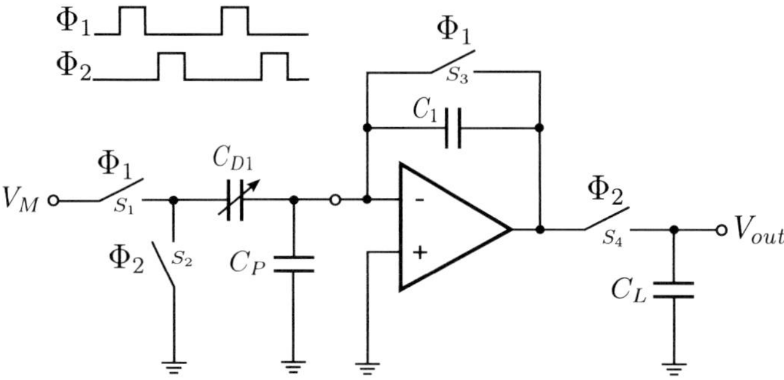

Abb. 3.11.: Signalwandlung der Detektionskapazitätsänderung durch einen Switched-Capacitor Spannungsverstärker

SC-Technik ist, die Widerstände, ausgehend von der zeitkontinuierlichen Realisierung, innerhalb des Schaltkreises durch Schalter zu ersetzen. Dadurch werden sehr kompakte Layouts erzielt. Zeitdiskrete C/U-Wandlerstufen haben eine hohe Kompatibilität zu Standard CMOS (Complementary Metal Oxide Semiconductors) Prozessen und besitzen zudem den Vorteil, dass das Ausgangssignal direkt digital weiterverarbeitet werden kann. Weiterhin hat die SC-Technologie Vorteile bei der Realisierung von Filteroperationen. Mit SC-Filtern kann die Genauigkeit der Filterzeitkonstanten präziser eingestellt werden und es lassen sich dadurch weitaus genauere Filtercharakteristiken erzielen als mit RC-Komponenten. Durch geeignete Wahl der Schaltfrequenz können in SC Technologie auch bedeutend höhere Zeitkonstanten bei gleicher Layoutfläche umgesetzt werden, als es in einer RC-Realisierung möglich wäre. Bei der zeitdiskreten Implementierung ist die richtige Wahl der Abtastfrequenz f_A entscheidend. Bei der Abtastung von zeitkontinuierlichen Signalen liegt das Abtasttheorem von Nyquist zu Grunde. Es besagt, dass die Abtastfrequenz $f_A = 1/T_A$ mit der ein zeitkontinuierliches Signal abgetastet wird, mehr als doppelt so hoch sein muss, wie die höchste im Signal vorkommende Frequenz f_{max}, um Aliasing-Effekte zu vermeiden. Wird dieses Theorem verletzt, so werden Störsignale mit höheren Frequenzkomponenten in das Basisband $[0..f_A/2]$ gefaltet.

In Abbildung 3.11 ist eine grundlegende Schaltung eines CU-Wandlers in SC-Technik mit Ablaufdiagramm dargestellt. Bei der ersten Taktphase Φ_1 wird die Eingangsspannung U_M auf den Kondensator C_{D1} abgebildet und die Ladung auf dem Kondensator C_1

wird zurückgesetzt. Hierbei kann das Eingangssignal zeitdiskret oder zeitkontinuierlich beschaffen sein. Während der zweiten Taktphase Φ_2 wird die gespeicherte Ladung von C_{D1} auf C_1 übertragen. Bedingt durch den Ladungstransfer ergibt sich an C_1 die Spannung

$$U_{out}(n\,T_A) = \frac{C_{D1}}{C_1} \cdot U_M(n\,T_A), \qquad [3.4]$$

wobei n für einen definierten Abtastschritt steht. Öffnet der Schalter S_4, kann das Spannungspotential V_{out} für die weitere Signalverarbeitung genutzt werden.

Der Nachteil der in Abbildung 3.11 dargestellten einpoligen Realisierung ist, dass der statische Anteil der Detektionskapazität C_{D1} einen Offset im Ausgangssignal U_{out} verursacht. Dieser Offset kann mehrere Größenordnungen höher als die zu detektierenden Kapazitätsänderungen sein und schränkt somit sehr stark den Dynamikbereich der Auswerteschaltung ein. Dieses Problem kann durch einen parallel zu C_{D1} eingebrachten Kondensator, der mit negativem Referenzpotential $-V_M$ aufgeladen wird, beseitigt werden. Eine weitere Möglichkeit zur Offsetkompensation ist die Verwendung einer differentiellen CU-Wandler-Lösung wie bereits in Abbildung 3.7 aufgezeigt. In Abbildung 3.11 besteht nicht nur eine Offsetproblematik, sondern zudem eine weitere Einschränkung des Dynamikbereiches bedingt durch das 1/f-Rauschen des Operationsverstärkers. Da sich die Signalfrequenzen des Drehratensensors im kHz-Bereich befinden, hat das 1/f-Rauschen entscheidenden Einfluss auf die Qualität des Messsignals.

Um diese Störeinflüsse zu unterdrücken hat sich in der SC-Technik die korrelierte Zweifachabtastung [3], dargestellt in Abbildung 3.12, etabliert. Am Ende der Taktphasen $\Phi_1, \Phi_2 =$ High werden der Offset und das 1/f-Rauschen des Operationsverstärkers abgetastet und auf C_{CDS} geladen. Mit dem Übergang auf Φ_3 wird die durch den Messzyklus tatsächlich gespeicherte Ladung um die Störeffekte vermindert und auf dem Kondensator C_{CDS} gespeichert. Anschließend steht das Messsignal als Spannungspotential V_{out} am Ausgang zur Verfügung. Zeitdiskrete CDS-Interfaces sind zur kapazitiven Detektion bei MEMS Drehratensensoren weit verbreitet, jedoch besitzen sie, bedingt durch Rauschfaltung und Schaltrauschen, einen höheren Rauschanteil als zeitkontinuierliche Vorverstärkerschaltungen mit gleicher Leistungsaufnahme [20].

---

[3]engl. correlated double sampling: Verfahren zur Reduktion von Offsetfehler und 1/f-Rauschen in SC-Verstärkern

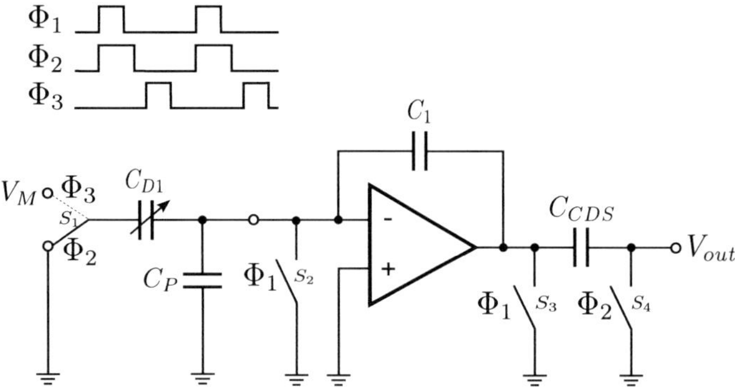

Abb. 3.12.: Signalwandlung, Rausch- und Offsetunterdrückung durch einen Switched-Capacitor Spannungsverstärker mit korrelierter Zweifachabtastung

3.3. C/U-Wandlung des Referenzsystems

Das in dieser Arbeit genutzte Verfahren zur C/U-Wandlung basiert auf einem zeitkontinuierlichen trägerfrequenzmodulierten Kapazitäts-Spannungswandler wie zuvor anhand von Abbildung 3.10 diskutiert. Die Auswertung der Detektionssignale erfolgt differentiell. Die C/U-Wandlerschaltung lässt sich sehr einfach mit diskreten Bauelementen realisieren und ist für die Auswertung differentieller Kapazitätsstrukturen geeignet. Das Schaltbild des trägerfrequenten differentiellen C/U-Wandlers ist schematisch in Abbildung 3.13 dargestellt. Der C/U-Wandler ist vollsymmetrisch aufgebaut und besteht aus zwei kapazitiven Halbbrücken mit jeweils einem Transimpedanzverstärker. Nach der Modulation des Messsignals erfolgt die Gleichtaktsignalunterdrückung mittels eines Instrumentensverstärkers. Die Mittelelektrode der variablen Messelektrode der differentiellen Sensorkapazität C_D ist mit dem trägerfrequenten Spannungspotential V_M verbunden. Die Modulation des Messsignals erfolgt mit einer Frequenz von $f_M = 340\,\mathrm{kHz}$. Die Elektroden der differentiellen Ausgänge des Drehratensensors sind jeweils mit dem negativen Eingang des Transimpedanzverstärkers verbunden.

Abbildung 3.14 zeigt das Ersatzschaltbild der parasitären Widerstände und Kapazitäten der Sensorkapazität [34]. Die parasitären Kapazitäten C_{P1}, C_{P2} sind parallel zur Modulationsquelle und an den auf virtuellem Massepotential befindlichen negativen Eingang des Transimpedanzverstärkers geschaltet. Aufgrund der geringen Eingangsim-

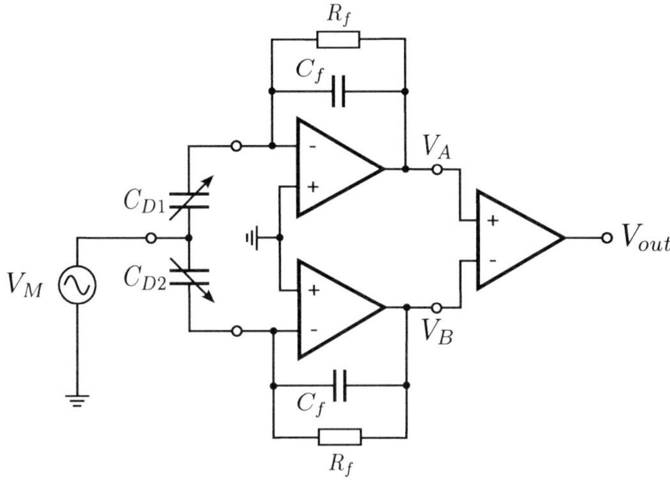

Abb. 3.13.: Differentieller trägerfrequenter C/U-Wandler

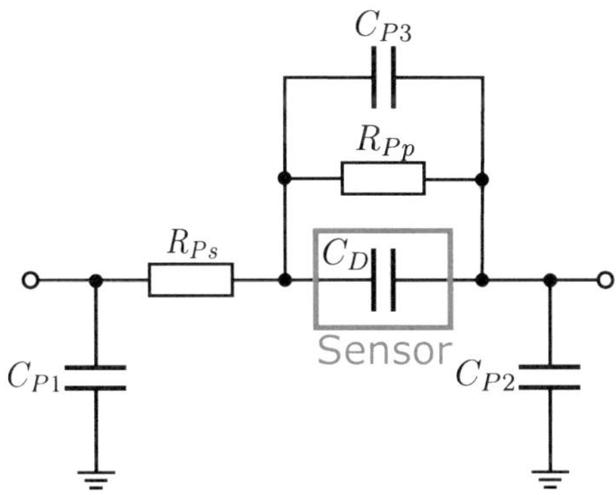

Abb. 3.14.: Ersatzschaltbild der parasitären Widerstände und Kapazitäten der Kapazitätsstruktur
des Detektionsschwingers

pedanz der Operationsverstärkerschaltung haben diese parasitären Kapazitäten keinen Einfluss auf den Stromfluss durch das Sensorelement und können vernachlässigt werden. Der Beitrag der parallelen parasitären Kapazität C_{P3} kann durch eine Offsetanpassung bzw. differentielle Messung beseitigt werden, sofern der Betrag konstant und in beiden differentiellen Teilschaltungen gleich ist. Die parasitären Widerstände R_{Ps} und R_{Pp} bewirken eine untere und obere Grenzfrequenz in der Übertragungsfunktion des C/U-Wandlers. Sofern sich die Modulationsfrequenz f_M betragsmäßig zwischen der unteren und oberen Grenzfrequenz befindet, ist die Messung nicht von den Einflüssen der parasitären Widerstände der Sensorkapazität beeinträchtigt. Die Übertragungsfunktion des Pfades von V_M nach V_A ergibt sich zu

$$\frac{U_A}{U_M} = -\frac{R_f}{R_{Pp}+R_{Ps}}$$
$$\cdot \frac{1+j\omega R_{Pp}(C_{D1}+C_{P3})}{(1+j\omega R_f C_f)\left(1+j\omega \frac{R_{Pp}R_{Ps}}{R_{Pp}+R_{Ps}}(C_{D1}+C_{P3})\right)} \qquad [3.5]$$

und sofern die Trägerfrequenz f_M zwischen den in [34] berechneten Grenzfrequenzen liegt, kann (3.5) weiter zu

$$\frac{U_A}{U_M} \approx -\frac{C_{D1}+C_{P3}}{C_f} \qquad [3.6]$$

vereinfacht werden. Die Kapazität C_{D1}, welche zur Drehratendetektion genutzt wird, variiert bei vorhandener Drehrate $\cos(\omega_{signal}t)$ bedingt durch die Coriolisbeschleunigung in der Form

$$C_{D1}(t) = C_{D0}(1+\frac{\Delta C_D}{C_{D0}}) \cdot \cos(\omega_{signal}t) \cdot \cos(\omega_{Antr}t). \qquad [3.7]$$

Da das Drehratensignal mit der Antriebsfrequenz des Drehratensensors auftritt, ergibt sich, bedingt durch die trägerfrequente Modulation des C/U-Wandlers, ein zweifach amplitudenmoduliertes Detektionssignal am Ausgang des Transimpedanzverstärkers zu

$$U_A \approx -\frac{C_{D0}\left(1+\frac{\Delta C_D}{C_{D0}} \cdot \cos(\omega_{signal}t) \cdot \cos(\omega_{Antr}t)\right)}{C_f}U_M \cdot \cos\omega_M t$$
$$-\frac{C_{P3}}{C_f}U_M \cdot \cos(\omega_M t). \qquad [3.8]$$

Dabei ist vorausgesetzt, dass ein cosinusförmiges Antriebssignal der Form $\cos(\omega_{Antr}t)$ vorliegt. Um das gewünschte Drehratensignal aus dem Detektionssignal zu extrahieren,

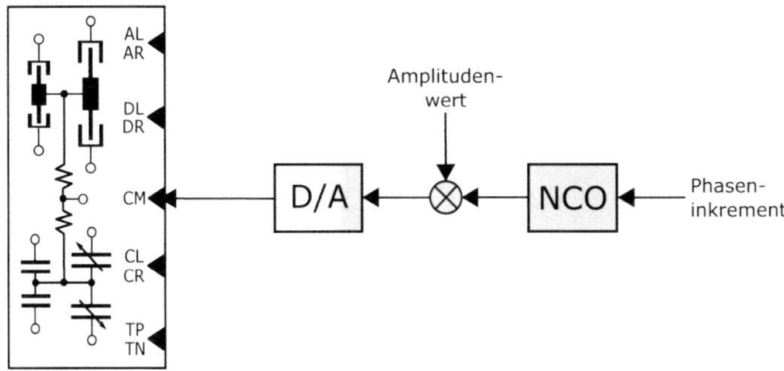

Abb. 3.15.: Realisierung der trägerfrequenten Amplitudenmodulation durch Mittelmasseneinspeisung am mikromechanischen Sensorelement

muss eine zweifache Demodulation zunächst mit der Trägerfrequenz des Modulationssignal f_M und anschließend mit der Antriebsfrequenz f_{Antr} des Drehratensensors erfolgen.

3.3.1. Amplitudenmodulation

Bei der Verwendung eines trägermodulierten C/U-Wandlers resultiert ein zweifach moduliertes Detektionssignal. Das Blockschaltbild in Abbildung 3.15 zeigt die Verknüpfung der einzelnen Teilkomponenten und Operationen der Signalverarbeitung. Die Erzeugung des hochfrequenten Modulationssignals erfolgt innerhalb des digitalen Systemteils des FPGA. Mittels eines Signalgenerators, welcher nach der DDS (Direct Digital Sythesis) [4] Methode in Abbildung 3.16 realisiert ist, kann die Trägerfrequenz digital in einer Frequenzauflösung bis zu 32 bit bereitgestellt werden. Das Phaseninkrement sowie der Phasenoffset können konstant definiert oder dynamisch durch optionale Eingänge gesetzt werden. Über eine look-up Tabelle kann der zum Phaseninkrement korrespondierende Amplitudenwert ausgelesen und dann an einen D/A-Wandlerbaustein zur Konvertierung in ein analoges Ausgangssignal weitergegeben werden. An dem Mittelabgriff des Drehratensensors, auch Mittelmasse genannt, wird das digital erzeugte und als quasianalog zu betrachtende trägerfrequente Spannungssignal $s_M(t)$

$$s_M(t) = U_M \cos(2\pi f_M t) \tag{3.9}$$

---

[4]Die direkte digitale Synthese stellt ein Verfahren der digitalen Signalverarbeitung dar, mit welchem periodisch bandbegrenzte Signale in praktisch beliebig kleiner Frequenzauflösung erzeugt werden können.

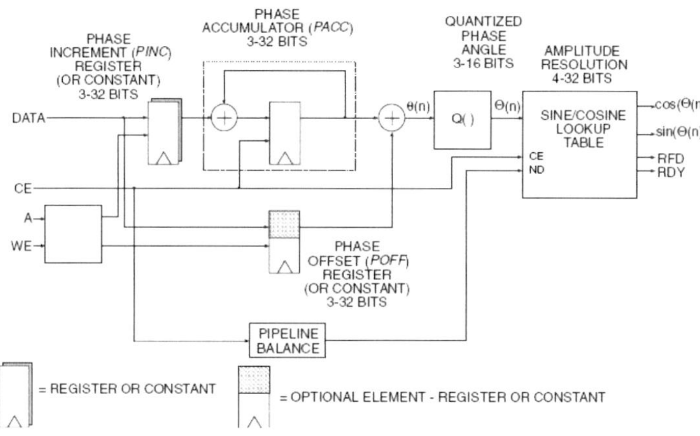

Abb. 3.16.: Implementierung des DDS Sinusgenerators innerhalb des FPGA [67]

mit der Trägerfrequenz f_M eingespeist.

Nach der C/U-Wandlung wird das modulierte Spannungssignal s_{AM} mittels eines A/D-Wandlers digitalisiert.

$$s_{AM,A}(t) = [U_M + U_{Antr}\cos(\omega_{Antr}t + \Phi)]\cos(\omega_M t)$$
$$= U_M\cos(\omega_M t) + \frac{U_{Antr}}{2}[\cos((\omega_M - \omega_{Antr})t - \Phi) \qquad [3.10]$$
$$+ \cos((\omega_M + \omega_{Antr})t + \Phi)]$$

Die Demodulation der amplitudenmodulierten Signale erfolgt digital. Hierzu wird zunächst das digitalisierte Signal mit dem trägerfrequenten Modulationssignal s_M demoduliert und tiefpassgefiltert, um das Antriebssignal des Drehratensensors zu erhalten. Möchte man die Drehrate des Drehratendetektionssignals extrahieren, so muss zunächst die Demodulation des digitalisierten Signals $s_{AM,D}$ mit s_M und anschließend eine weitere Demodulation mit dem Antriebssignal s_{Antr}, welches ebenfalls digital erzeugt wird, erfolgen.

3.3.2. Synchrone Demodulation

Durch die synchrone Demodulation wird aus dem Drehratendetektionssignal das Drehratensignal extrahiert. Die Demodulation erfolgt digital innerhalb des FPGA. Eine wichti-

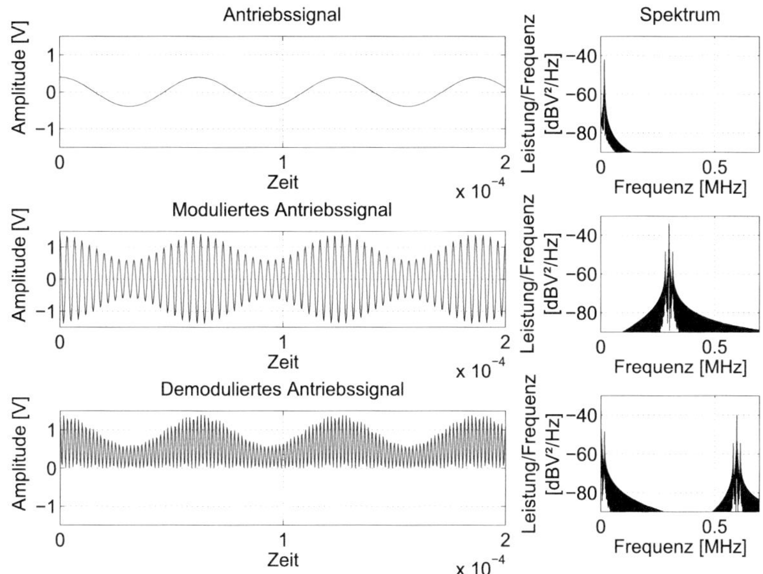

Abb. 3.17.: Zeitsignale mit zugehörigen Spektren bei Amplitudenmodulation des Antriebssignals mit einer Trägerfrequenz

ge Voraussetzung bei der synchronen Demodulation ist die Bereitstellung eines frequenz- und phasenrichtigen Demodulationssignals konstanter Amplitude. In Abbildung 3.17 sind das Antriebssignal s_{Antr} mit der Frequenz $f_{Antr} = 16kHz$, jeweils nach Modulation und Demodulation mit dem Trägersignal s_M der Frequenz $f_M = 340kHz$ sowie die zugehörigen Spektren dargestellt.

Nach der Demodulation werden der Gleichanteil und die hochfrequenten Anteile des Signals bei $2\omega_M$ durch digitale Filterung beseitigt.

$$\begin{aligned}
s_{DM,A}(t) &= s_{AM,A}(t) \cdot s_M(t) \\
&= [U_M + U_{Antr}\cos(\omega_{Antr}t + \Phi)]\cos(\omega_M t)\cos(\omega_M t) \\
&= \frac{U_M}{2}(1 + \cos(2\omega_M t)) \\
&\quad + \frac{U_{Antr}}{4}[\cos(-\omega_{Antr}t - \Phi) + \cos(\omega_{Antr}t + \Phi)]
\end{aligned}$$
[3.11]

Das demodulierte und digital gefilterte Signal $s_{DM,A}$ ergibt sich zu

$$s_D = \frac{U_{Antr}}{2}\cos(\omega_{Antr}t + \Phi).$$
[3.12]

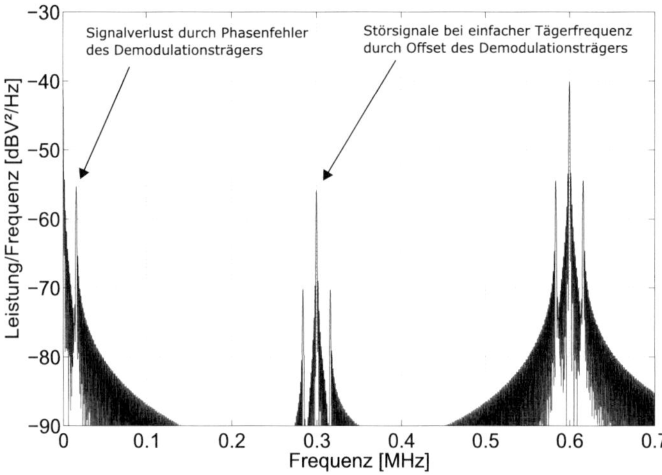

Abb. 3.18.: Spektrum bei nichtidealer Amplitudenmodulation mit Phasenfehler und Offset des Demodulationsträgers

In Drehratensensoranwendungen hat sich die Nutzung einer PLL (Phase-Locked Loop) zur Demodulation bewährt. Mit Hilfe des Phasenregelkreises ist es möglich, einen zu dem detektierten Signal phasenrichtigen und somit frequenzrichtigen sowie rauscharmen Demodulationsträger zu erzeugen.

3.3.3. Nichtidealitäten bei der Amplitudenmodulation

Bei einer idealen Amplitudenmodulation ist das Drehratensignal mit der Antriebsfrequenz und dem Modulationsträger gefaltet, so dass innerhalb des Spektrums nur Frequenzkomponenten bei der Trägerfrequenz f_M und um die Trägerfrequenz $f_M \pm (f_{Antr} \pm B_{sensor})$ auftreten. Bedingt durch Offset und Phasenfehler des Modulationsträgersignals, dargestellt in Abbildung 3.18 sowie Kopplung der Antriebsfrequenz und Frequenzanteilen zweifacher Antriebsfrequenz (2f-Signal), kann das Spektrum weitere störende Spektralanteile besitzen. Diese weitern spektralen Anteile wirken störend auf das Nutzsignal und erfordern einen erhöhten Filteraufwand bei der Demodulation.

3.4. Resonanter Sensorantrieb

Wie bereits im vorherigen Kapitel erläutert, ist es für den ordentlichen Betrieb des Drehratensensors notwendig, dass die schwingungsfähige Masse des Sensors kontinuierlich und mit konstanter Amplitude oszilliert. Hierzu wird der Antriebsrahmen der Sensorstruktur über Kammelektrodenpaare elektrostatisch angeregt. Die Anregungsspannung U_{Antr} besteht aus einem statischen Anteil U_{DC} und einem Wechselspannungsanteil U_{AC} und ergibt sich zu

$$U_{Antr}(t) = U_{DC} + U_{AC} \cdot \sin(\omega_{Antr}t). \qquad [3.13]$$

Aus (2.13) ist zu entnehmen, dass sich die elektrostatische Kraft auf den Antriebsrahmen des Sensors proportional zum Quadrat der Potentialdifferenz zwischen beweglicher und fester Antriebsstruktur verhält. Bei differentieller Krafteinspeisung sind die Antriebsspannungen für die linken und rechten Antriebskammelektroden zu

$$U_{Al}(t) = +U_{DC} + U_{AC} \cdot \sin(\omega_{Antr}t) \qquad [3.14]$$

$$U_{Ar}(t) = -U_{DC} + U_{AC} \cdot \sin(\omega_{Antr}t) \qquad [3.15]$$

gewählt. Für die resultierende Kraft auf den Antriebsrahmen des Drehratensensors folgt

$$\begin{aligned}
F_{Antr} &\propto F_{Al} - F_{Ar} \\
&= (U_{DC} + U_{AC} \cdot \sin(\omega_{Antr}t))^2 \\
&\quad (-U_{DC} + U_{AC} \cdot \sin(\omega_{Antr}t))^2 \\
&= 4U_{DC}U_{AC} \cdot \sin(\omega_{Antr}t),
\end{aligned} \qquad [3.16]$$

wobei sich die statischen Kraftanteile sowie die Kraftanteile bei $2\omega_{Antr}$ kompensieren. Da die resultierenden elektrostatischen Kräfte zur Anregung sehr gering sind, wird die Resonanzüberhöhung des Antriebskreises abhängig von dessen Güte Q_x genutzt. Die Erhöhung der elektrostatischen Kraft durch die Antriebsspannung U_{Antr} ist limitiert, da bei hohen Spannungen spezielle Hochvolt-Halbleitertechnologien erforderlich werden. Dennoch kann die Kraftwirkung durch Verringerung des Abstandes zwischen den Elektrodenkämmen und Erweiterung der Anzahl der Elektrodenkämme verstärkt werden.

Da die Amplitude der Antriebsschwingung des Drehratensensorelements direkt mit dem Drehratendetektionssignal verknüpft ist, ist eine sehr stabile und rauscharme Schwingungserregung erforderlich, um nicht zusätzliche Störsignale in das Drehratensignal

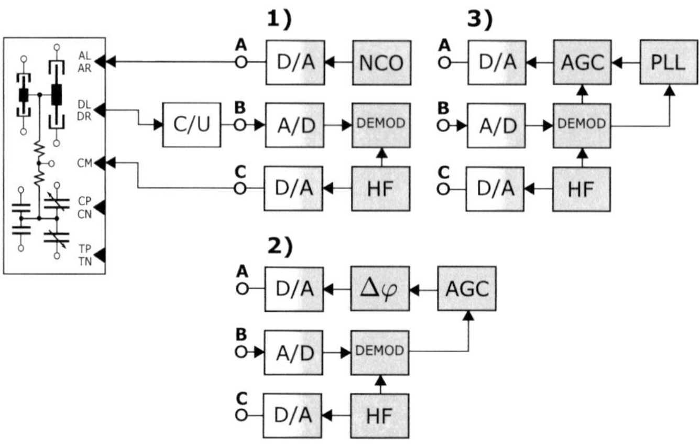

Abb. 3.19.: Varianten zur Schwingungserregung des Drehratensensorelements: (1) gesteuerter Antrieb, (2) mikromechanischer Oszillator, (3) digitaler Phasenregelkreis

einzustreuen. Die Bereitstellung der Antriebsschwingung kann in gesteuerter Form, als mikromechanischer Oszillator oder mittels eines Phasenregelkreises erfolgen [50]. Der gesteuerte Antrieb lässt sich sehr einfach implementieren, ist jedoch für einen stabilen Betrieb des Drehratensensors nicht geeignet. Parameter der Sensorstruktur, wie die Güte Q_x, Federsteifigkeit k_x und Dämpfungsverhalten der Antriebsstruktur können aufgrund von Temperatur- und Innendruckschwankungen variieren. Die Resonanzfrequenz des Antriebskreises kann so im Betrieb um mehrere Hertz variieren und bei einem gesteuerten Sensorantrieb aufgrund der fest vorgegebenen Anregungsfrequenz zu einem fehlerhaften Ausgangssignal bei der Demodulation führen. Die in Abbildung 3.19 dargestellte Antriebsvariante als mikromechanischer Oszillator ermöglicht einen amplituden- und phasenstabilen Betrieb. Die Übertragungsfunktion des Antriebskreises, welche näherungsweise PT2-Verhalten aufweist, wird in Kombination mit der AGC (Automatic Gain Control) und dem Allpass so angesteuert, dass ein bei der Resonanzfrequenz des Antriebes schwingendes System resultiert. Die Schwingungsbedingung für den Antriebskreis ist dann erfüllt, wenn die Phasendrehung am rückgekoppelten Zweig, einstellbar durch den Allpass, $\varphi = 360°$ und die Schleifenverstärkung des Antriebskreises $V_{S,Antr} = 1$ betragen. Die Realisierung der Ansteuerung des Antriebskreises als mikromechanischer Oszillator besitzt die Eigenschaft, dass das System selbstständig aus dem Rauschen des

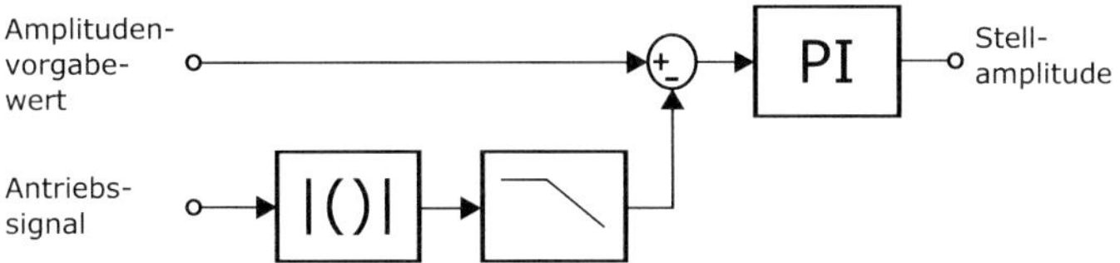

Abb. 3.20.: Automatische Amplitudenregelung mit Betragsbildung, Tiefpassfilter und PI-Regler zur Gewährleistung einer Antriebsschwingung bei Resonanzfrequenz mit konstanter Amplitude

Sensorelements anschwingen kann. Die dritte hier vorgestellte Antriebsvariante ist die Antriebsansteuerung über einen digitalen Phasenregelkreis. Die PLL bietet die Möglichkeit, die Phase bezüglich des Antriebsdetektionssignals sehr genau einzustellen und so das Sensorelement mit einer Phasenverschiebung von $\varphi = 90°$ zwischen Antriebs- und Antriebsdetektionssignal in Resonanz zu halten. Die Verwendung einer digitalen PLL bietet den Vorteil eines rauscharmen Sensorantriebs sowie die Bereitstellung eines rauscharmen Demodulationssignals.

Die Anregung der Antriebsstruktur kann breitbandig über Rechtecksignale oder schmalbandig über die Bereitstellung eines sinusförmigen Anregungssignals erfolgen. Die breitbandige Anregung lässt sich in der Praxis sehr einfach durch das Schalten eines Spannungspotentials realisieren. Sie beinhaltet jedoch gegenüber der schmalbandigen Anregung den Nachteil, dass auch Schwingungsmoden höherer Frequenzen der Sensorstruktur angeregt werden, die sich störend auf das Messsignal auswirken können.

3.4.1. Automatische Amplitudenregelung

Die AGC (Automatic Gain Control) gewährleistet eine auf einen vorgebenden Amplitudenwert konstant geregelte Auslenkung des Antriebsschwingers. Die Implementierung der AGC erfolgt in digitaler Form innerhalb des FPGA. Die AGC besteht aus einem Absolutwertbildner, einem Tiefpassfilter sowie einem PI-Regler als Regelglied. Als Regelgröße fungiert die Einhüllende des mit der Trägerfrequenz demodulierten Antriebsdetektionssignals. Um den Betrag der Einhüllenden zu bestimmen, wird das demodulierte sinusförmige Antriebsdetektionssignal einer Betragsbildung unterworfen. Durch die Betragsbildung ergeben sich, erkennbar durch die Fourierreihe, Frequenzkomponenten bei $2k$ Vielfachen der Kreisfrequenz ω_x

$$x(t) = a \cdot |\sin(\omega_x)| = a \cdot \left[\frac{2}{\pi} - \frac{4}{\pi} \sum_{k=1}^{\infty} \frac{\cos(2k\omega_x)}{4k^2 - 1} \right]. \qquad [3.17]$$

In (3.17) ist der konstante Anteil von Interesse, da dieser den Amplitudenwert der Einhüllenden repräsentiert. Durch anschließende Tiefpassfilterung mit einem digitalen Tschebyscheff Filter 4. Ordnung werden die höheren Frequenzkomponenten aus dem Signal gefiltert. Der erhaltene Amplitudenwert der Einhüllenden wird mit dem Amplitudenvorgabewert verglichen und die Regelabweichung mittels eines PI Reglers, bestehend aus Akkumulator-, Multiplizierer- und Addiererbaustein ausgeglichen. Die so berechnete Eingangsamplitude des Erregungssignals wird mit dem Ausgangswert eines NCO (Numerically Controlled Oscillator) [5] multipliziert und mittels eines D/A-Wandlerbausteins auf die Antriebskammelektroden des Drehratensensors appliziert.

3.4.2. Phasenregelkreis

Ein Phasenregelkreis ist ein zentraler Baustein der Signalverarbeitung bei mikromechanischen Drehratensensoren und wird hierbei für unterschiedliche Zwecke eingesetzt. Aufgrund der Bereitstellung einer sehr genauen Phaseninformation wird die PLL in vielen Applikationen genutzt, um den Takt für den gesamten Auswerte-ASIC zur Verfügung zu stellen. Weiterhin kann die PLL innerhalb des Antriebskreises zur Generierung der Antriebsstimulation und Bereitstellung eines rauscharmen Demodulationsantriebssignals sowie innerhalb des Detektionskreises zur Inphasen- und Quadraturkomponentenzerlegung des Detektionssignals genutzt werden.

In der Literatur sind rein analoge, hybride und rein digitale PLL-Implementierungen [14, 2] zu finden. Für die Untersuchungen innerhalb dieser Arbeit wurde eine rein digitale Implementierung einer PLL, in der Literatur auch ADPLL (All Digital Phase-Locked Loop) genannt, gewählt. Die rein digitale Implementierung hat gegenüber einer analogen und hybriden PLL den Vorteil, dass Filtercharakteristiken durch erneute Programmierung einfach angepasst werden können. Weiter sind digitale Implementierungen

---

[5]Der numerisch gesteuerte Oszillator basiert auf einem fest vorgegebenen Referenztakt, welcher innerhalb des FPGA erzeugt wird. Der in dieser Arbeit verwendete NCO nutzt das DDS-Verfahren.

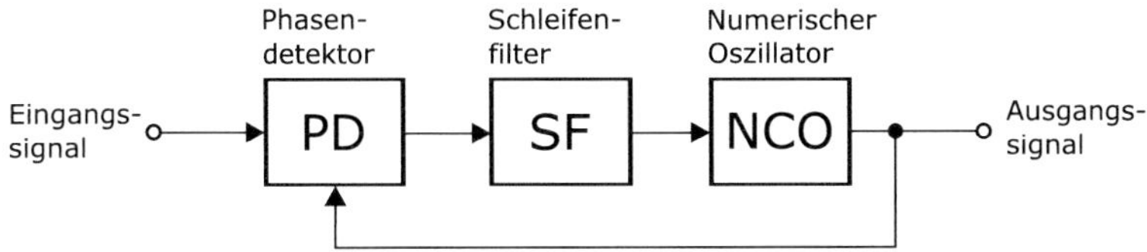

Abb. 3.21.: Blockschaltbild eines Phasenregelkreises, bestehend aus Phasendetektor, Schleifenfilter und numerisch gesteuertem Oszillator

nicht wie analoge von Kriechströmen, thermischem Rauschen, Drift und Alterungser-
scheinungen betroffen [12, 57]. Mit ADPLLs kann die Implementierung innerhalb der
Zieltechnologie ebenfalls energieeffizient und mit reduziertem Flächenbedarf im Vergleich zu rein analogen oder hybriden PLLs erfolgen.

Die Arbeitsweise der digitalen PLL in Abbildung 3.21, bestehend aus Phasendetektor
PD, Schleifenfilter *SF* und numerisch gesteuertem Oszillator *NCO*, lässt sich wie folgt
beschreiben:

Mittels des Phasendetektors PD wird die Phasendifferenz zwischen dem Eingangssignal der Frequenz f_{in} und der aktuellen Frequenz f_{NCO} des digital gesteuerten Oszil-
lators, in dieser Arbeit als DDS Sinusgenerator implementiert, gebildet. Der Phasendetektor der PLL kann allgemein als Multiplizierer oder sequentieller Baustein ausgeführt
werden [14, 2]. Multiplizierer nutzen den Gleichanteil des Produkts aus Eingangssignal und Oszillatorsignal des PD als Fehlersignal. Bei sequentiellen Phasendetektoren
ist das Fehlersignal ausschließlich von der Zeitdifferenz der Eingangssignale des PDs
abhängig. Sequentielle PD werden gewöhnlich digital aus Flipflops und Logikgattern
aufgebaut. In dieser Arbeit wurde ein Phasenfrequenzdetektor (PFD) verwendet. Im
eingerasteten Zustand des PFD ist dessen Ausgangssignal vom Phasenfehler und im
ausgerasteten Zustand vom Frequenzfehler des Eingangssignals abhängig. Diese Eigenschaft macht den aus zwei D-Flipflops bestehenden PFD im Vergleich zu anderen Phasendetektoren sehr robust und schnell, unabhängig von dem verwendeten Schleifenfilter
[2]. Als Ausgangssignal liefert der PFD eine Impulsfolge, deren Impulsbreite proportional zur Phasen- bzw. Frequenzverschiebung der Eingangssignale ist. Der PFD kann
je nach Ein- und Ausgangssignalkonfiguration die drei logischen Zustände 'UP', 'DN'
oder Reset 'R' annehmen. In dem Taktschema in Abbildung 3.22 sind beispielhaft die
Signale des PFD einer zufälligen Signalkonfiguration aufgezeigt. Die pulsweitenmo-

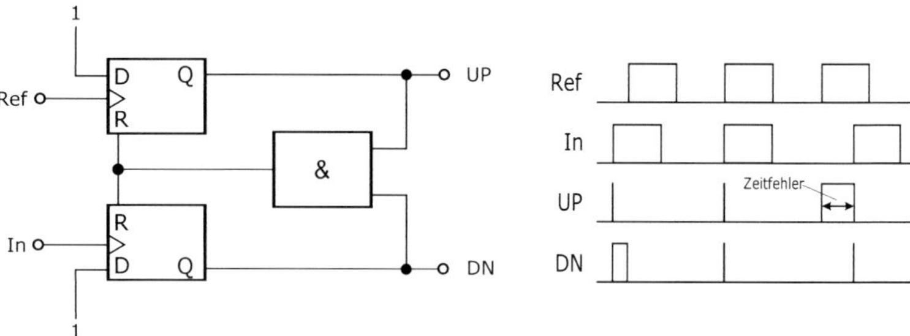

Abb. 3.22.: Blockschaltbild und Signalschema des digitalen Phasen-Frequenz-Detektors (PFD)

dulierten Ausgangssignale des PFD werden dem Schleifenfilter SF zugeführt, welches eine Glättung bzw. Mittelwertbildung durchführt. Das Schleifenfilter ist als digitaler PI-Regler innerhalb des FPGA abgebildet. Der Ausgangswert des PI-Reglers wird einem DDS-Sinusgenerator als numerisches Phaseninkrement vorgegeben und damit wird das Ausgangssignal entsprechender Frequenz am Ausgang der PLL zur Verfügung gestellt.

3.5. Coriolisdetektion

Bis jetzt sind der Antriebskreis und dessen funktionale Bausteine der Signalverarbeitung betrachtet worden. Im Folgenden wird die Signalverarbeitung des Detektionskreises diskutiert, innerhalb dessen die Coriolisbeschleunigung und damit das eigentliche Drehratensignal verarbeitet wird. Generell gibt es die Möglichkeit, den mechanischen Detektionsschwinger in Bezug auf den Antriebsschwinger vollresonant, teilresonant oder offresonant zu betreiben. Die Lage der Detektionsresonanzfrequenz ω_{0y} zur Antriebsresonanzfrequenz ω_{0x} hat starken Einfluss auf das Gesamtsystemverhalten. Durch elektrostatische Mitkopplung, unter Nutzung der in (2.20) diskutierten negativen Federkonstanten k_{el}, lässt sich die Resonanzfrequenz des Detektionsschwingers, in Abhängigkeit von der zur Verfügung stehenden Spannung, über einen weiten Frequenzbereich einstellen.

3.5.1. Elektrostatische Mitkopplung

Wie zu Beginn in Kapitel 2 diskutiert, ist die Coriolisbeschleunigung ein amplitudenmoduliertes Signal mit der Modulationsfrequenz ω_x des Antriebskreises. Ein maximales Drehratensignal wird erreicht, wenn die Resonanzfrequenz des Detektionskreises mit

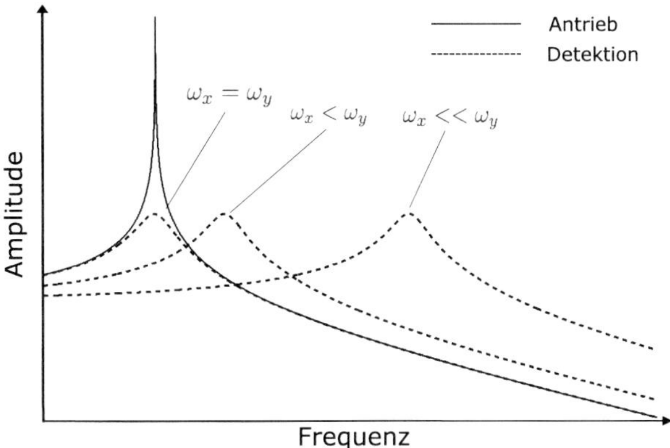

Abb. 3.23.: Durch die Mitkoppelspannung einstellbarer Arbeitsbereich der Detektionsübertragungsfunktion; Es wird zwischen offresonanter, teilresonanter und vollresonanter Arbeitsweise unterschieden.

der des Antriebskreises übereinstimmt. In Abbildung 3.23 sind die Übertragungsfunktionen unterschiedlicher Resonanzfrequenzen ω_y des Detektionskreises dargestellt. Bei Übereinstimmung von ω_x und ω_y wird von vollresonantem Betrieb gesprochen. Gilt $\omega_x < \omega_y$ spricht man von teilresonantem Betrieb und sofern $\omega_x \ll \omega_y$ gilt, ist von offresonantem Betrieb die Rede. Da mikromechanische Drehratensensorstrukturen bei der Herstellung Prozessschwankungen unterliegen, wird in der Praxis das Design des Detektionsschwingers so ausgelegt, dass sich dessen Resonanzfrequenz ω_y oberhalb der Resonanzfrequenz ω_x des Antriebsschwingers befindet. Durch Anlegen einer Mitkoppelspannung U_{Mit} kann durch elektrostatische Mitkopplung die Übertragungsfunktion des Detektionskreises so abgeglichen werden, dass $\omega_x = \omega_y$ gilt. Dieser Vorgang wird in der Literatur als Mode-Matching oder Vollresonanzabgleich bezeichnet. Abhängig davon, ob der Detektionskreis als offener Regelkreis (engl. open loop) oder geschlossener Regelkreis (engl. closed loop) betrieben wird, ergeben sich Vor- bzw. Nachteile hinsichtlich der Auswertung des Drehratensignals, welche nachstehend kurz diskutiert werden.

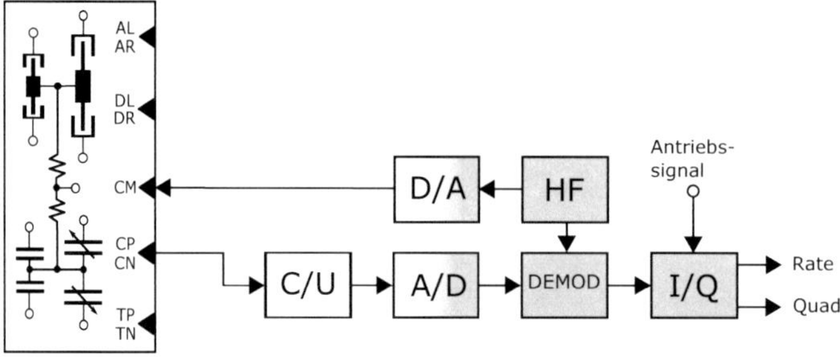

Abb. 3.24.: Offener Regelkreis zur Auswertung des Drehratendetektionssignals

3.5.2. Detektion mit offenem Regelkreis

Die Anwendung als offener Regelkreis lässt sich sehr einfach und kostengünstig realisieren. Im Vergleich zu einer Anwendung mit geschlossenem Regelkreis sind keine
elektronischen Komponenten, welche zusätzliche Chipfläche benötigen, zur Signalrück-
kopplung notwendig. In Abbildung 3.24 ist das Blockschaltbild der Realisierung als
offener Regelkreis, wie sie auch in dieser Arbeit angewandt wurde, dargestellt. Die
grau hinterlegten Blöcke sind digital innerhalb des FPGA implementiert. Das Drehratendetektionssignal wird zunächst dem analogen trägerfrequenten C/U-Wandler zugeführt
und anschließend direkt digitalisiert. Das digitalisierte Signal wird, um das Drehratensignal zu extrahieren, einer zweifachen Demodulation mit Filterung unterzogen. Wie
anhand der Topologie der einzelnen Blöcke erkennbar ist, ergibt sich ein offener Regelkreis. Trotz der einfachen Realisierung ist eine vollresonante Abstimmung eines open
loop Detektionskreises problematisch. Im Bereich um die Resonanzfrequenz variieren
die Amplitudenverstärkung und die Phase sehr stark, so dass eine Verschiebung der
Resonanzfrequenz ω_{0y}, bedingt durch Temperaturänderungen, sehr große Sensitivitäts-
und Phasenänderungen der Messgröße zur Folge hat. Ein weiteres Problem ist die sehr
schmale Bandbreite, innerhalb der die Sensitivität konstant ist. Sind Antriebsresonanzfrequenz und Detektionsresonanzfrequenz identisch, so kann bei entsprechend hoher
Güte des Detektionskreises die Bandbreite, innerhalb welcher der Skalenfaktor konstant
ist, infinitesimal klein sein. Dieser Sachverhalt führt zu Empfindlichkeitsschwankungen
und limitiert so die Übereinstimmung der Resonanzfrequenzen bei Vollresonanzabstim-
mung auf 5-10 Prozent [21]. Da eine sehr genaue vollresonante Abstimmung der Re-

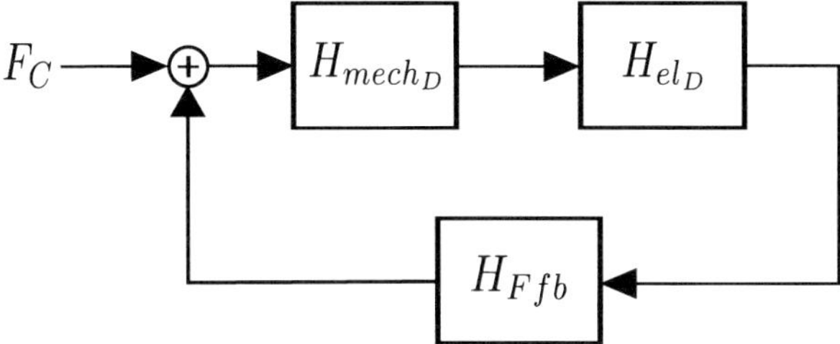

Abb. 3.25.: Geschlossene kraftrückgekoppelte Regelschleife des Detektionskreises

sonanzfrequenzen sehr großes Potential hinsichtlich Leistung und Rauschverhalten der Auswertung des Drehratensignals beinhaltet, sind Konzepte zum Vollresonanzabgleich (engl. Mode-Matching) gegenwärtig Gegenstand der Forschung [5, 56, 21].

3.5.3. Detektion mit geschlossenem Regelkreis

Während in einem offen Regelkreis das Übertragungsverhalten des Sensorsystems durch die Übertragungsfunktion $H_{mech_D}(s)$ des Detektionskreises festgelegt ist, hat man bei einem geschlossenen Regelkreis die Möglichkeit, die Übertragungsfunktion des Gesamtsystems durch den Rückkoppelzweig zu beeinflussen. Durch elektrostatische Kraftrückkopplung kann die mechanische Kennlinie des Detektionskreises in ein lineares und unempfindlicheres System hinsichtlich Herstellungstoleranzen, Alterung und Temperatur überführt werden. Die Kreisübertragungsfunktion ergibt sich somit zu

$$H_{Kreis} = \frac{H_{mech_D}H_{el_D}}{1 + H_{mech_D}H_{el_D}H_{Ffb}}.$$

[3.18]

Für $H_{mech_D}H_{el_D}H_{Ffb} >> 1$ gilt

$$H_{Kreis} \approx \frac{1}{H_{Ffb}}.$$

[3.19]

Die Realisierung der Rückkopplung innerhalb dieser Arbeit wurde mittels eines digitalen PT2-Gliedes, wie in Abbildung 3.26 dargestellt, umgesetzt. Die Parameter des digitalen PT2-Gliedes, welches als digitales IIR-Filter implementiert wurde, sind so gewählt, dass dessen Resonanzfrequenz mit der des Detektionsschwingers übereinstimmt, die Güte jedoch deutlich geringer gewählt ist. Dadurch, dass der Detektionsschwinger

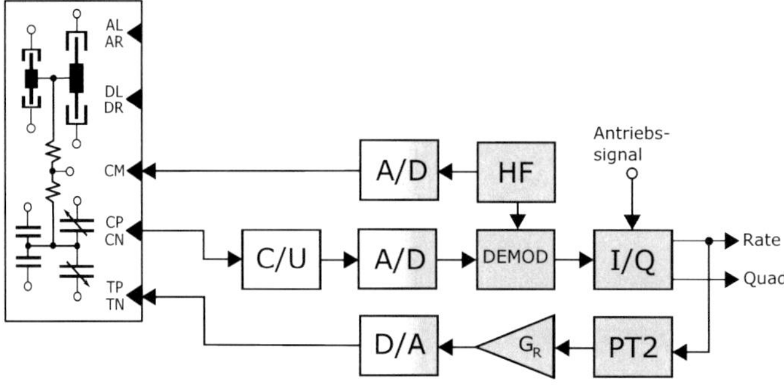

Abb. 3.26.: Verschaltung des Detektionskreises als geschlossener kraftrückgekoppelter Regelkreis; Die Kraftrückkopplung auf den Detektionsschwinger des Sensorelements erfolgt über ein digitales PT2-Glied.

und das PT2-Glied bei der Resonanzfrequenz eine Phasenverschiebung von $90°$ besitzen, ergibt sich für den Detektionsschwinger eine Kraft die seiner Auslenkung entgegen wirkt und ihn dämpft. Durch Wahl eines geeigneten Rückkoppelfaktors kann die Charakteristik des Detektionsschwingers so verändert werden, dass eine flachere Übertragungsfunktion mit erhöhter Bandbreite und flacherem Phasengang resultiert. Die flachere Übertragungsfunktion führt zu einer verringerten Sensitivität gegenüber einer Realisierung als offener Regelkreis. Da jedoch bei der elektrostatischen Kraftrückkopplung eine Formung des Rauschens an der Resonanzfrequenz ω_{0y} erfolgt, wirkt sich dies nicht auf den Signalrauschabstand aus.

3.5.4. Demodulation des Coriolissignals

Wird die Drehrate Ω_z nicht konstant, sondern als cosinusförmiges Signal mit

$$\Omega_z(t) = \cos(\omega_\Omega t + \varphi) \qquad [3.20]$$

gewählt, so ergibt sich für das modulierte Drehratensignal unter der Annahme, dass sich die Verstärkung in beiden Seitenbändern identisch verhält, die Beziehung

$$y(t) = \frac{2X_A\,\omega_{0x}m_x\Omega_z}{m_y\sqrt{(\omega_{0x} - \omega_{y0}{}^2)^2 + \omega_{0x}^2\omega_{0y}^2/Q_y{}^2}}$$

$$\cdot \cos(\omega_\Omega t + \varphi) \cdot \cos(\omega_{0x}t + \Phi). \qquad [3.21]$$

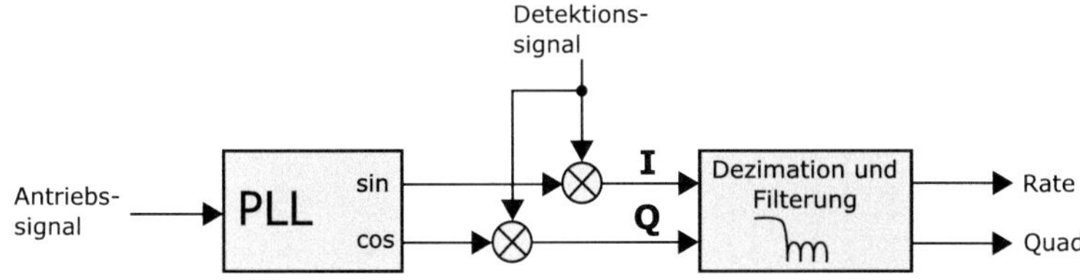

Abb. 3.27.: Digitale I/Q-Demodulation mit anschließender Ausgangssignalfilterung des Rate- und Quadratur-Kanals

Das modulierte Spannungssignal U_{Mod}, nach der Demodulation und Tiefpassfilterung mit dem Trägersignal s_M, ergibt sich mit der elektrischen $G_{V/y}$ und mechanischen Verstärkung $G_{y/\Omega}$ zu

$$U_{Mod} = G_{V/y}G_{y/\Omega}\Omega_z \cdot [\cos((\omega_{0x} - \omega_\Omega)t + (\Phi - \varphi))$$
$$+ \cos((\omega_{0x} + \omega_\Omega)t + (\Phi + \varphi))] . \qquad [3.22]$$

Nach der digitalen I/Q-Demodulation erhält man für die Inphasenkomponente

$$I_{Det}(t) = G_{V/y}G_{y/\Omega}\Omega_z \cdot \cos(\omega_\Omega t + (\Phi + \varphi)). \qquad [3.23]$$

Die Demodulation des Drehratensignals erfolgt digital innerhalb des FPGA, siehe Abbildung 3.27.

3.5.5. Nichtidealitäten bei der Drehratendetektion

Der MEMS-Drehratensensor ist bisher idealisiert betrachtet worden. In der Praxis jedoch sind diese idealen Bedingungen nicht anzutreffen. Bedingt durch den Herstellungsprozess sind die Massen, Federkonstanten, Steifigkeiten und Geometrien toleranzbehaftet. Diese Nichtidealitäten beeinflussen die Dynamik des Sensorelements und führen so bei der Signalverarbeitung zu einer Limitierung der Leistungsfähigkeit der Sensorsignalauswertung. Das sogenannte Quadratursignal und der Coriolisoffset sind nicht zu vernachlässigende Fehler aufgrund der zuvor genannten Nichtidealitäten. Das Quadratursignal tritt aufgrund des Quadraturfehlers, dargestellt in Abbildung 3.28, auf. Idealerweise besitzt die Auslenkung des Antriebsrahmens nur eine Komponente in x-Richtung. Da diese idealen Bedingungen, verursacht durch nichtidealitäten der Koppelfeder, in der

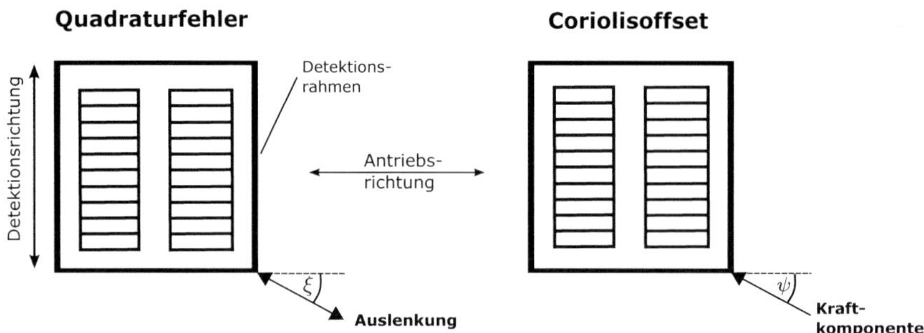

Abb. 3.28.: Quadratur- und Coriolisoffsetfehler, verursacht durch Nichtidealitäten innerhalb der mikromechanischen Sensorstruktur

Realität nicht erreicht werden, resultiert neben der Antriebsauslenkung in x-Richtung auch eine Komponente in y-Richtung der Detektionsrichtung. Das Quadratursignal ist proportional zur Auslenkung der Antriebserregung und weist somit eine Phasenverschiebung von 90° bezüglich des zu detektierenden Coriolissignals auf, welches proportional zu Antriebsgeschwindigkeit v_x ist. Durch Demodulation des Detektionssignals mit dem phasenrichtigen Antriebssignal kann das Quadratursignal am Ausgang der Signalverarbeitung vollständig eliminiert werden. Da das Quadratursignal jedoch mehrere Größenordnungen höher als das zu detektierende Drehratensignal

$$\frac{F_{quad}}{F_{cor}} = \frac{\xi\,\omega_x}{2\Omega_z}$$ [3.24]

sein kann, führen schon kleine Phasenverschiebungen zu einem sehr großen Fehler im Messsignal. Der Quadraturfehler kann durch ein sorgfältiges Design der mechanischen Koppelfedern, das Anlegen elektrostatische Kräfte sowie adaptive Regelstrategien minimiert werden [61, 9, 3].

Ein weiteres auftretendes Störsignal bei der Drehratensignalauswertung ist der Coriolisoffset, dargestellt in Abbildung 3.28. Ähnlich wie das Quadratursignal tritt es bei der Demodulation mit der Antriebsfrequenz ω_x auf. Wird der Antriebsrahmen in Resonanz betrieben, ist die auf ihn wirkende Kraft proportional zu seiner Geschwindigkeit. Liegt nun ein Teil der Antriebskraftkomponente in Richtung der sensitiven Achse, so wird diese irrtümlicherweise als Drehratensignal interpretiert. Da der Coriolisoffset aufgrund einer Kraftkomponente auf den Detektionsrahmen in y-Richtung auftritt, ist er somit nicht von einem echten Drehratensignal zu unterscheiden [6].

$$\frac{F_{cor,off}}{F_{cor}} = \frac{\psi \omega_x}{2Q_x \Omega_z} \qquad [3.25]$$

Der Coriolisoffset ist in Hochgütesystemen deutlich geringer als der Quadraturfehler und kann durch eine sorgfältige Kalibrierung der Sensorsignalauswertung minimiert werden.

4. Energieeffiziente Antriebskreisregelung

Mikromechanische Drehratensensoren sind zunächst für den Automobilbereich entwickelt worden. Dort bilden sie für das ESP (Elektronisches Stabilitäts- Programm) eine wichtige sensorielle Basis, um die aktuelle Fahrsituation zu bewerten und falls notwendig stabilisierend auf das Fahrzeug einzuwirken. Der Fokus der Entwicklung lag hierbei auf der Steigerung der Leistungsfähigkeit, Sicherheits- und Plausibilitäts- sowie Kostensenkungsaspekten. Da mikromechanische Drehratensensoren zunehmend in mobilen Anwendungen wie Bildstabilisierung in Camcorder und Kameras, mobile Navigation, Body-Monitoring und Videospiele [25, 52, 71] zum Einsatz kommen, sind veränderte Spezifikationen zu erfüllen. Ein wichtiges Kriterium in mobilen Anwendungen ist der Stromverbrauch der Applikation, welcher direkt mit der Batteriestandzeit verknüpft ist. Um eine lange Batteriestandzeit der mobilen Anwendungen unter Verwendung mikromechanischer Inertialsensoren zu ermöglichen, ist die Entwicklung von Low-Power Schaltungen notwendig. Im Folgenden wird ein neuartiges Auswertekonzept für kapazitive mikromechanische Drehratensensoren vorgestellt und diskutiert, mit dem sich die Stromaufnahme elektronischer Auswertekonzepte für mikromechanische Drehratensensoren signifikant reduzieren lässt.

4.1. Reduktion des Leistungsbedarfs

Die Wirkleistung ist der zeitunabhängige Anteil des Momentanwerts der Leistung. Er wird der Energiequelle entnommen und in eine andere Energieform umgewandelt. Die Wirkleistung ist von der Blindleistung, welche in idealen Energiespeichern wie dem Kondensator oder der Spule auftritt, zu unterscheiden. In idealen Energiespeichern wird keine Wirkleistung verbraucht, sondern die Energie wird zwischen Quelle und Verbraucher fortwährend ausgetauscht. Hierbei lässt sich zwischen digitaler und analoger Leistungsaufnahme unterscheiden.

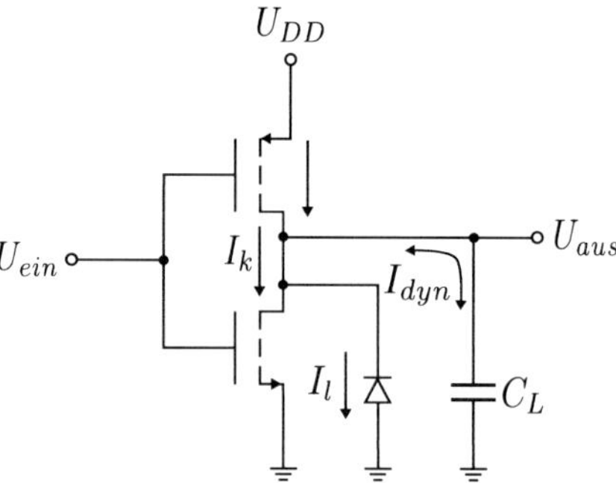

Abb. 4.1.: CMOS Inverter mit den Hauptanteilen des Stromverbrauchs

4.1.1. Leistungsaufnahme in Digitalschaltungen

Die digitale Leistungsaufnahme lässt sich in einen statischen P_{sta} und dynamischen P_{dyn} Leistungsanteil untergliedern. Bei dem statischen Leistungsanteil wird dem System auch ein sich änderndes Eingangssignals Energie zugeführt. Der dynamische Leistungsanteil beruht dagegen auf Laden und Entladen von Kondensatoren. Die beiden Leistungsanteile sind technologiespezifisch unterschiedlich. In der Bipolartechnik überwiegt der statische Verlustleistungsanteil, während in der CMOS-Technologie die dynamisch verbrauchte Leistung vorrangig ist [1]. Die Verlustleistung einer digitalen Schaltung setzt sich demzufolge aus einem statischen und einem dynamischem Leistungsanteil sowie einem Leistungsanteil bedingt durch Kurzschluss- P_k und Leckströme P_l zusammen

$$P_{digital} = P_{dyn} + P_{sta} + P_k + P_l. \qquad [4.1]$$

Den größten Verlustleistungsanteil bei Digitalschaltungen steuert hier der dynamische Leistungsanteil P_{dyn}, verursacht durch logische Umschaltvorgänge der NMOS (N-Type Metal Oxide Semiconductor) und PMOS (P-Type Metal Oxide Semiconductor) Netzwerke des CMOS Gatters, dargestellt in Abbildung 4.1, bei. Innerhalb jedes Taktzyklus, das bedeutet einem Übergang von logisch 0 nach 1 und zurück, ergibt sich die mittlere umgesetzte Verlustleistung zu

$$P_{dyn} = \frac{1}{T_{clk}} \cdot \int_0^{T_{clk}} P(t)dt = C_L \cdot U_{DD}^2 \cdot f_{clk}. \qquad [4.2]$$

Die dynamische Verlustleistung einer digitalen CMOS Schaltung kann durch Verringerung der Gesamtkapazitäten C_L, der Versorgungsspannung U_{DD} und der Frequenz

f_{clk} minimiert werden. Eine weitere Komponente der Leistung resultiert aus der Kurzschlussleistung P_k, sofern die Anstiegszeit bzw. Abfallzeit am Eingang des Inverters größer ist als am Ausgang und so beide Transistoren leitend sind. Dies kann jedoch dadurch verhindert werden, dass die Versorgungsspannung kleiner als die Summe der Schwellspannungen der einzelnen Transistoren gewählt wird [1]. Die Verlustleistung P_l, bedingt durch Leckströme und statische Ströme P_{sta}, ist technologieabhängig und im Vergleich zu der dynamischen Verlustleitung vernachlässigbar.

4.1.2. Leistungsaufnahme in Analogschaltungen

Bei analogen Schaltungen ist im Gegensatz zu digitalen Schaltungen immer eine gewisse Leistung notwendig, um die Signalenergie oberhalb des thermischen Rauschens für ein vorgegebenes SNR (Signal to Noise Ratio) aufrecht zu erhalten [11]. Während bei digitalen Schaltungen die Reduktion der Versorgungsspannung der effizienteste Weg ist, den Leistungsbedarf der Gesamtschaltung zu reduzieren, ist dies bei einer analogen Schaltung nicht der Fall. Bei analogen Schaltungen ist der Leistungsbedarf für eine bestimmte Temperatur T durch das vorgegebene SNR und die erforderliche Bandbreite der Schaltung festgelegt. Eine zweckmäßige Größe für den Leistungsvergleich von digitalen und analogen Systemen ist die Leistungsaufnahme eines einpoligen Filters innerhalb des jeweiligen Systems. Die minimale Leistungsaufnahme einer analogen Schaltung, welche einen rail-to-rail [1] Aussteuerbereich besitzt, ist [11]

$$P_{min,analog} = 8k_B T \cdot f \cdot SNR, \qquad [4.3]$$

sofern die Signalamplitude den vollen Versorgungsspannungsbereich aussteuert. In (4.3) bezeichnet k_B die Boltzmann-Konstante und f die Frequenz des analogen Signals. In Abbildung 4.2 ist die analoge Verlustleistung eines einpoligen Systems auf das Verstärkungsbandbreiteprodukt ω_{GBW} normiert und in Abhängigkeit des SNR dargestellt. Zum Vergleich ist die Leistung eines digitalen einpoligen Filters, normiert auf dessen Taktfrequenz f_{clk}, gegenübergestellt. Die Kurvenschar des digitalen Systems repräsentiert unterschiedliche Energien E_{tr}, welche der Quelle bei einem Umschaltvorgang von logisch 0 nach 1 entnommen werden. Es ist zu erkennen, dass analoge Systeme bis zu

---

[1]Aussteuerbereich eines Operationsverstärkers, der idealer Weise von der negativen bis hin zur positiven Versorgungsspannung möglich ist

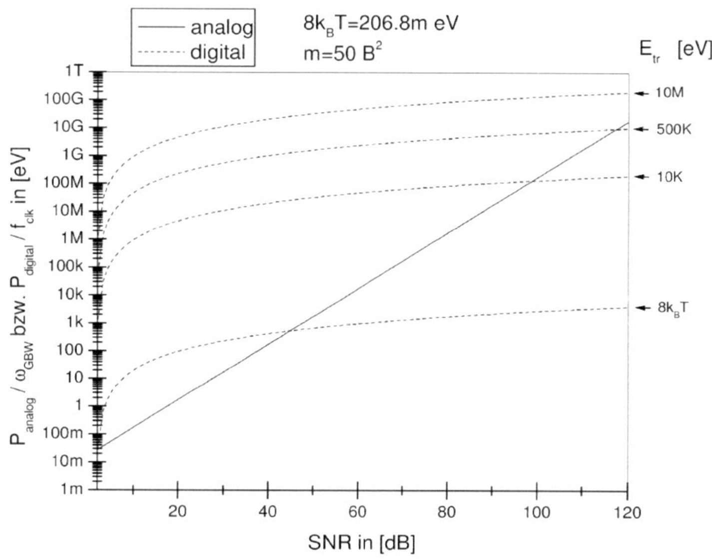

Abb. 4.2.: Normierter Leistungsvergleich digitaler und analoger Schaltungen [11]; Ab einem bestimmten SNR benötigt eine digitale einpolige Implementierung weniger Leistung als eine dazu vergleichbare analoge Realisierung.

einem bestimmten SNR deutlich weniger Energie benötigen als ein damit vergleichbares digitales System. Ab einem bestimmten SNR wird jedoch eine analoge Systemrealisierung leistungsineffizient, da die digitale Systemrealisierung eine geringere Leistung pro Pol benötigt. Somit ermöglicht nach [11, 12] die digitale Systemrealisierung zum Erzielen hoher SNR-Werte eine leistungseffizientere Implementierung. Eine analoge Systemrealisierung bietet hingegen Vorteile bei Low-Power Implementierungen und Hochfrequenzanwendungen [17].

Weitere Möglichkeiten zur Reduktion des Leistungsbedarfs, abgesehen von den technologischen Möglichkeiten, sind Ansätze auf Systemebene, wie sie in dieser Arbeit verfolgt werden. Ein sehr effektiver Ansatz zur Reduktion der Leistung ist, bestimmte, nicht benötigte Schaltungsteile in diesen Zeiträumen in einen Power-Down-Modus zu versetzen. Dieser Ansatz zur Reduktion des analogen Strombedarfs in analogen Frontend-Schaltungen für kapazitive mikromechanische Drehratensensoren wurde in dieser Arbeit gewählt und wird im Folgenden diskutiert.

4.1.3. Energieeffizienter Frontendbetrieb

Die Frontends kommerziell erhältlicher mikromechanischer Drehratensensoren haben eine Leistungsaufnahme im Bereich von wenigen mA bis in den zweistelligen mA Bereich. Die Leistungsaufnahme ist abhängig vom Rauschverhalten, von der Ausgangsbandbreite und dem Interface der Sensorsignalauswertung. Üblicher Weise wird dem analogen Frontend während der Signalverarbeitung permanent Energie zugeführt. Es gibt auch Ansätze für Power-Down der Sensorsignalverarbeitung, jedoch wird die Drehratenmessung in diesem Betriebsmodus erst durch ein weiters Wake-Up nach einer gewissen Latenzzeit funktional [7]. Das in dieser Arbeit vorgestellte Verfahren ermöglicht einen energieeffizienten Power-Down Betrieb des analogen Frontends, bei dem gleichzeitig die Auswertung von Drehratensignalen gewährleistet ist. Auf diese Weise kann die mittlere Stromaufnahme des analogen Frontends deutlich reduziert werden.

In Abbildung 4.3 sind die Abtastung des Antriebsdetektionssignals des Drehratensensors und die Leistungsaufnahme des analogen Frontends dargestellt. Es ist deutlich zu erkennen, dass die mittlere Stromaufnahme des analogen Frontends bei Anwendung von Power-Down signifikant reduziert werden kann. Wird zudem die Abtastfrequenz des folgenden digitalen abtastenden Systems abgesenkt, kann ein noch effizi-

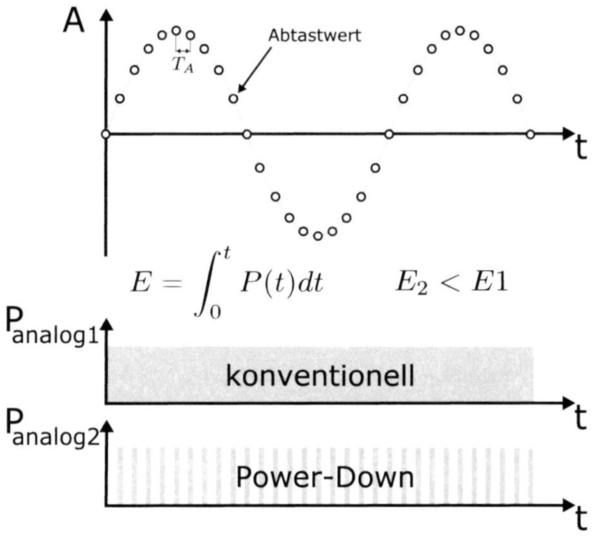

Abb. 4.3.: Energieeffizienter Frontendbetrieb durch Power-Down der analogen Vorverstärkerschaltung

enteres Power-Down umgesetzt werden. In Abbildung 4.4 ist der Leistungsbedarf bei reduzierter Abtastrate dargestellt. Durch Verringerung der Abtastfrequenz kann die Verlustleistung des analogen Frontends weiter abgesenkt werden. Weiter ist zu erkennen, dass das Nyquist-Theorem bei der Abtastung des Signals eingehalten wurde, da mehr als zwei Abtastwerte pro Signalperiode vorhanden sind. Das in dieser Arbeit vorgestellte neuartige Auswertekonzept verletzt jedoch durch die reduzierte Abtastrate der ADCs bewusst das Nyquist-Theorem innerhalb des Antriebskreises. Durch die Abtastfrequenz des ADC, die geringer als die zweifache Sensorresonanzfrequenz gewählt ist, treten Aliasing-Signalkomponenten innerhalb des resultierenden unterabgetasteten Nyquistbandes auf. Die Information dieser Signalkomponenten wird ausgewertet und soll den sicheren und energieeffizienten Betrieb des Drehratensensors bei Resonanzfrequenz gewährleisten. Der Leistungsaufnahme des analogen Frontends im Power-Down Betrieb ist proportional zu dem Verhältnis von Einschaltdauer T_{ein} zur Periodendauer T. Mit der

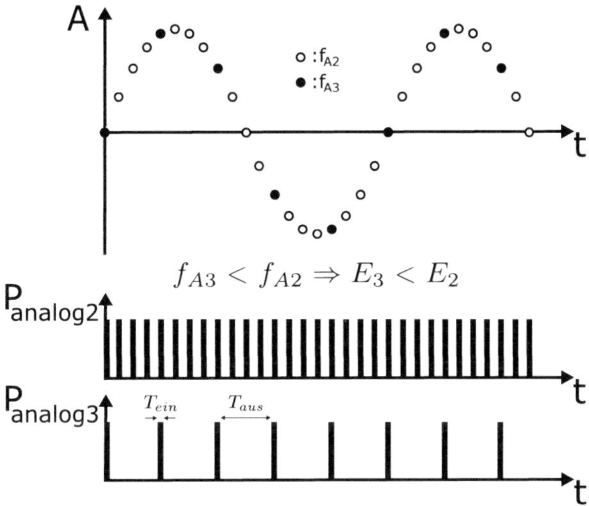

Abb. 4.4.: Energieeffizienter Frontendbetrieb mit reduzierter Abtastrate

Abtastzeit T_A die sich nach (4.4) zu $T_A = T_{ein} + T_{aus}$ ergibt, resultiert für die Leistungs-aufnahme des analogen Frontends folgende Beziehung

$$P_{analog} \propto \tau = \frac{T_{ein}}{T_A}. \qquad [4.4]$$

Da bei hohen Frequenzen ein effizienter Duty-Cycle [2] τ, bedingt durch Einschwingzei-ten der Systemkomponenten nur schwer umzusetzen ist, ermöglicht der in dieser Arbeit vorgestellte unterabgetastete Betrieb des Drehratensensors, durch die stark reduzierte Abtastrate, die Realisierung höchsteffizienter Duty-Cycles bei moderaten Anforderun-gen an die Einschwingzeiten der Systemkomponenten des analogen Frontends.

4.2. Abtastung zeitkontinuierlicher Signale

Die Detektionssignale, basierend auf Kapazitätsänderung der mikromechanischen Sen-sorstruktur sind, wie viele andere Signale in unserer Umwelt wert- und zeitkontinu-ierlicher Natur. Da die Verarbeitung von Signalen in digitaler Form sehr große Mög-lichkeiten zur Filterung, Rauschunterdrückung und Manipulation des Signals bietet, ist

---

[2]Duty-Cycle: Tastgrad, welcher das Verhältnis der Einschaltdauer zur Periodendauer eines Signals be-zeichnet

die Wandlung der zeitkontinuierlichen Signale in eine zeitdiskrete Form erforderlich. Die zwei Basisoperationen zur Digitalisierung eines zeitkontinuierlichen Signals bei der A/D-Wandlung sind hierbei die Abtastung und Quantisierung.

Die ideale Abtastung eines zeitkontinuierlichen Signals $x(t)$ kann hierbei durch die Multiplikation mit einem unendlichen Dirac-Impulskamm

$$p(t) = T_A \sum_{-\infty}^{\infty} \delta(t - nT_A) \qquad [4.5]$$

modelliert werden. In (4.5) stellt T_A die Abtastperiode dar, wobei sich die Abtastfrequenz zu

$$f_A = \frac{1}{T_A} = \frac{\omega_A}{2\pi} \qquad [4.6]$$

ergibt. Für das ideal abgetastete, zeitdiskrete und wertkontinuierliche Signal $x_{id}(t)$ ergibt sich die Darstellung

$$x_{id}(t) = x(t) \sum_{-\infty}^{\infty} \delta(t - nT_A), \qquad [4.7]$$

die aufzeigt, dass nur Signalwerte an den Stellen $t = nT_A$ herausgegriffen werden. Im Frequenzbereich entspricht die Multiplikation des Impulskammes $p(t)$ mit dem Signal $x(t)$ einer Faltung der jeweiligen Fouriertransformierten. Somit ergibt sich das Spektrum allgemein zu

$$\begin{aligned} X_{id}(f) &= X(f) * P(f) \\ &= X(f) * \frac{1}{T_A} \sum_{k=-\infty}^{\infty} \delta(f - k\frac{1}{T_A}) \\ &= \frac{1}{T_A} \sum_{k=-\infty}^{\infty} X(f - k\frac{1}{T_A}). \end{aligned} \qquad [4.8]$$

Das Abtasttheorem [41, 55] besagt, dass die Abtastfrequenz f_A eines zeitkontinuierlichen bandbegrenzten Signals mit einer Minimalfrequenz f_{min} und einer Maximalfrequenz f_{max} mehr als doppelt so hoch wie die höchste im Signal vorkommende Frequenz f_{max} sein muss, um aus dem erhaltenen zeitdiskreten Signal das Ursprungssignal ohne Informationsverlust exakt zu rekonstruieren. Wird das Abtasttheorem verletzt, tritt Aliasing auf und das Signal kann nicht mehr vollständig aus der abgetasteten Folge rekonstruiert werden, da es innerhalb des resultierenden Nyquistbandes zu Überlappung von Frequenzkomponenten kommt. Das Verhalten bei Auftreten von Aliasing ist in Abbildung 4.5 dargestellt. In dem mittleren mit $a)$ gekennzeichneten Graphen liegt ein

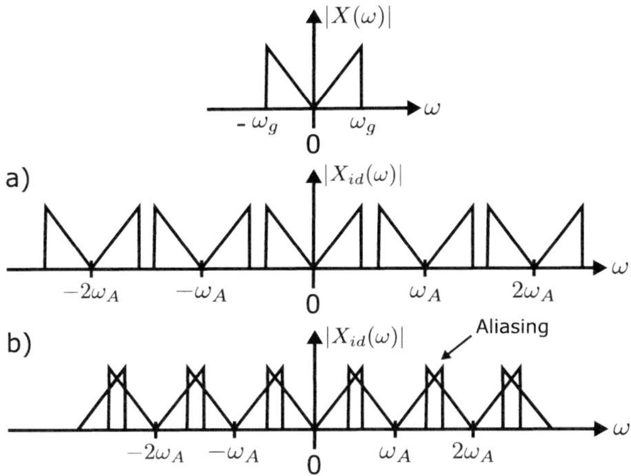

Abb. 4.5.: a) Spektrum des überabgetasteten Signals mit $\omega_A > 2\omega_g$; b) Spektrum des unterabgetasteten Signals mit auftretendem Aliasing $\omega_A < 2\omega_g$

Spektrum nach Überabtastung des zeitkontinuierlichen bandbegrenzten Signals mit einer Frequenz von $f_A > 2f_g$ vor. Wird die Abtastfrequenz auf einen Wert von $f_A < 2f_g$ reduziert, kommt es wie in Schaubild *b*) aufgezeigt zu spektralen Überlappungen. Der nun folgende Ansatz nutzt bewusst diese Aliasing-Signalkomponenten und extrahiert aus diesen die relevanten Informationen, um den resonanten Betrieb des Sensorantriebskreises zu gewährleisten.

4.3. Unterabtastung des Antriebsdetektionssignals

Die Digitalisierung des Antriebsdetektionssignals erfolgt nach Stand der Technik überabgetastet. Das Antriebssignal, welches bei diesem Sensortyp eine Frequenz von $f_{Antr} = 16\,\mathrm{kHz}$ aufweist, wird mit einer Abtastfrequenz von mehreren $100\,\mathrm{kHz}$ abgetastet. Wird die Abtastfrequenz reduziert, so kommt es ab einer unteren kritischen Frequenz zu spektralen Überlappungen innerhalb des Basisbandes. In Abbildung 4.6 ist die Abtastung des Antriebsdetektionssignals $s_{A,Det}$ mit unterschiedlichen Abtastfrequenzen $f_{A1}...f_{A3}$ dargestellt. Die oberste Grafik zeigt die gewöhnliche Abtastung nach Stand der Technik von $s_{A,Det}$ mit einer Frequenz von $f_{A1} = 500\,\mathrm{kHz}$. Bei der mittleren Grafik ist die Abtastfrequenz f_{A2} zu $100\,\mathrm{kHz}$ gewählt. Das Frequenzspektrum zeigt jeweils wie erwartet

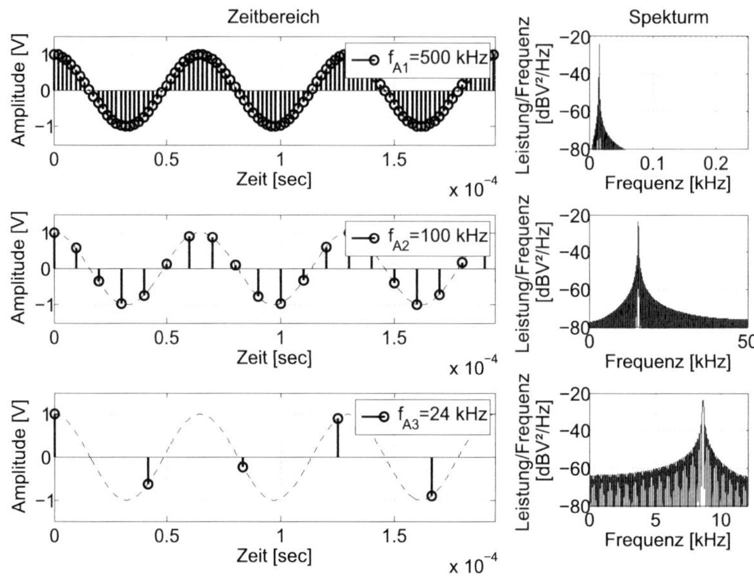

Abb. 4.6.: Abtastung des Antriebsdetektionssignals mit unterschiedlichen Abtastfrequenzen

bei der Frequenz von $f_{A,Det} = 16\,\text{kHz}$ einen Spitzenwert. Wird nun die Abtastfrequenz f_{A3} zu 24 kHz gewählt ergibt sich eine Nyquistfrequenz von $\frac{f_{A3}}{2} = 12\,\text{kHz}$. Da das Abtasttheorem verletzt ist, tritt Aliasing innerhalb des Nyquistbandes auf. Das Antriebsdetektionssignal, welches die Frequenz $f_{A,Det}$ aufweist, wird nun auf eine Frequenz von 8 kHz abgebildet. Zu beachten ist, dass sich bei einem reellwertigen Signal das Spektrum $X(f)$ des zeitkontinuierlichen Signals aus einem positiven und negativen Frequenzband zusammensetzt [27]

$$X_{A,Det}(f) = X^+_{A,Det}(f) + X^-_{A,Det}(f). \qquad [4.9]$$

Für das zeitkontinuierliche Signal $s_{A,Det}$ ergeben sich nach Abtastung mit f_A die zeitdiskreten Spektren zu

$$X^+_{A,Det,d}(f) = f_A \cdot \sum_{k=-\infty}^{\infty} X_{A,Det}(+f - f_{0,x} + kf_A)$$

$$X^-_{A,Det,d}(f) = f_A \cdot \sum_{k=-\infty}^{\infty} X_{A,Det}(-f - f_{0,x} + kf_A). \qquad [4.10]$$

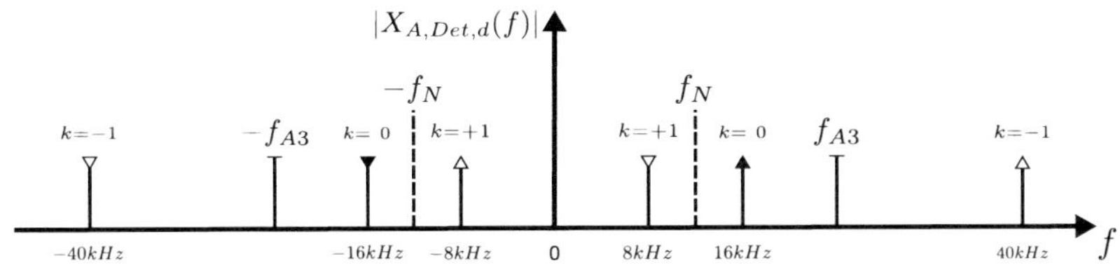

Abb. 4.7.: Zeitdiskretes Spektrum nach Abtastung des Antriebsdetektionssignals von $f_{Antr} = 16\,\text{kHz}$ mit einer Abtastfrequenz von $f_A = 24\,\text{kHz}$

Das Spektrum des in Abbildung 4.6 mit einer Frequenz von f_{A3} abgetasteten Signals ist in Abbildung 4.7 dargestellt. Hierbei sind die Verschiebungen der positiven und negativen spektralen Komponenten für die Werte $k = 0, k = -1, k = 1$ aufgezeigt. Die Nyquistfrequenz f_N ergibt sich bei einer Abtastfrequenz von $f_{A3} = 24\,\text{kHz}$ zu $f_N = 12\,\text{kHz}$.

$$X^+_{A.Det.d}(f)\,|_{k=-1} = f_A \cdot X_{A.Det}(+f - 40,0kHz)$$

$$X^+_{A.Det.d}(f)\,|_{k=\ 0} = f_A \cdot X_{A.Det}(+f - 16,0kHz) \qquad [4.11]$$

$$X^+_{A.Det.d}(f)\,|_{k=+1} = f_A \cdot X_{A.Det}(+f + 8,0kHz)$$

$$X^-_{A.Det.d}(f)\,|_{k=-1} = f_A \cdot X_{A.Det}(-f - 40,0kHz)$$

$$X^-_{A.Det.d}(f)\,|_{k=\ 0} = f_A \cdot X_{A.Det}(-f - 16,0kHz) \qquad [4.12]$$

$$X^-_{A.Det.d}(f)\,|_{k=+1} = f_A \cdot X_{A.Det}(-f + 8,0kHz)$$

Bei einem cosinusförmigen Antriebsdetektionssignal

$$s_{A.Det}(t) = x_0 \cdot \cos(2\pi f_{Antr}t) \qquad [4.13]$$

mit gegebener Fouriertransformierten $X_{A.Det}(f)$

$$X_{A.Det}(f) = \frac{x_0}{2} \cdot [\delta(f + f_{Antr}) + \delta(f - f_{Antr})], \qquad [4.14]$$

resultiert nach Abtastung das in Abbildung 4.7 dargestellte Spektrum $|X_{A.Det.d}(f)|$. In Abbildung 4.7 ist zu erkennen, dass die negative Spiegelfrequenz innerhalb des positiven Nyquistbandes auf eine Frequenz von $f_{sub} = 8\,\text{kHz}$ abgebildet wird.

Bei der Unterabtastung von $s_{A.Det}(t)$ geht ein Teil der dynamischen Information des Ursprungssignals verloren. Das ursprüngliche Signal kann aus dem unterabgetasteten Signal nicht wieder vollständig rekonstruiert werden. Dennoch enthält das unterabgetastete Antriebsdetektionssignal $s_{A,sub}(n)$ Informationen des zeitkontinuierlichen Ursprungssignals, die ausreichend sind, eine adäquate Antriebskreisregelung umzusetzen.

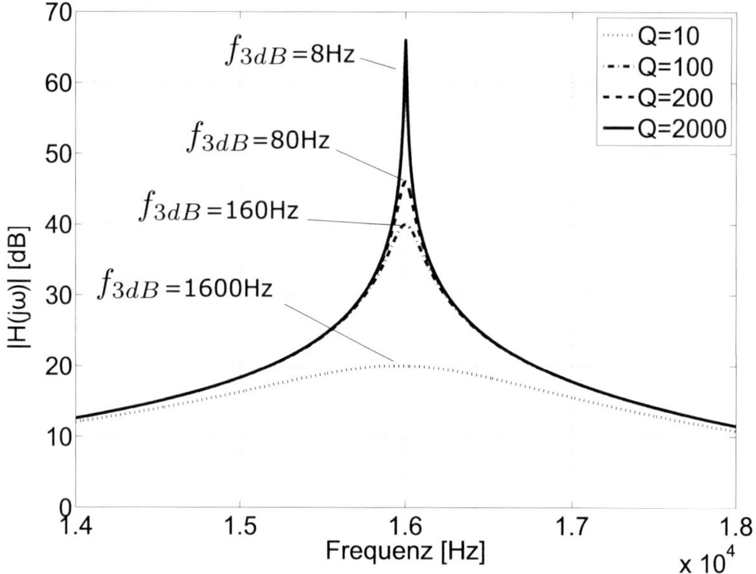

Abb. 4.8.: 3dB-Bandbreite der Amplitudenübertragungsfunktion des Antriebskreises für unterschiedliche Güten

4.4. Amplitudenabhängige Resonanzregelung

Die Hauptaufgabe der Antriebskreisregelung ist es, die Amplitude des Antriebsschwingers bei dessen Resonanzfrequenz konstant zu halten. Nach dem Stand der Technik sind in Abbildung 3.19 Realisierungsmöglichkeiten der Antriebskreisregelung wiedergegeben. Der nun hier vorgestellte Ansatz zur Antriebskreisregelung nutzt die Amplitudeninformation des unterabgetasteten Antriebsdetektionssignals als Messgröße. Durch die Unterabtastung des Antriebsdetektionssignals lässt sich zusammen mit dem in Abbildung 4.4 vorgestellten Power-Down ein sehr energieeffizientes analoges Frontend zur Antriebskreisregelung realisieren.

In Abbildung 4.8 sind die Übertragungsfunktionen des Antriebskreises für unterschiedliche Güten bei gleicher Resonanzfrequenz dargestellt. Die Übertragungscharakteristik hat bei der Unterabtastung des Antriebsdetektionssignals entscheidenden Einfluss auf das resultierende Aliasing-Spektrum im Nyquistband. Da der Antriebskreis eines Drehratensensors idealer Weise ein System 2. Ordnung mit einem Bewegungsfreiheitsgrad darstellt, ist dementsprechend nur eine Resonanzüberhöhung zu erwarten. Dies bedeutet wiederum, dass wenn der Antriebskreis des Sensors mit der Resonanzfrequenz angeregt wird und anschließend das Antriebsdetektionssignal unterabgetastet wird, sich nur die Frequenzanteile bei der Resonanzfrequenz in das Nyquistband falten. Die Frequenzanteile, welche in das Nyquistband bei Unterabtastung gefaltet werden, sind wiederum abhängig von der Art der Anregung. Bei einer schmalbandigen Anregung mit nur einer Frequenz, wird idealer Weise diese Frequenz entsprechend (4.10) in das resultierende Nyquistband gefaltet. Wird der Antriebskreis breitbandig angeregt, so sind die Frequenzanteile, welche in das resultierende Nyquistband gefaltet werden, abhängig von der 3db-Bandbreite $\omega_{3dB.A}$ der Amplitudenübertragungsfunktion des Antriebskreises

$$\omega_{3dB} = \frac{\omega_{0x}}{Q_x}. \qquad [4.15]$$

Bei Unterabtastung des Antriebsdetektionssignals ist hierbei eine hohe Güte des Antriebskreises von Vorteil und bei breitbandiger Anregung des Antriebsschwingers aufgrund spektraler Überlappungen notwendig.

In herkömmlichen Systemen zur Antriebskreisregelung wird die Phaseninformation zwischen dem Antriebssignal und dem Antriebsdetektionssignal genutzt, um den sicheren Betrieb bei Resonanzfrequenz des Antriebskreises zu ermöglichen. Diese Methode ist bei einem unterabgetasteten Signal jedoch nicht praktikabel, da sich die Frequenzen der beiden Signale sehr stark unterscheiden und im Allgemeinen keine ganzzahligen Vielfachen voneinander darstellen. Ein weiterer Ansatz, über zwei gekoppelte numerische Oszillatoren [42], welcher ebenfalls im Rahmen dieser Arbeit verfolgt wurde, war zunächst vielversprechend. Nach weiteren Analysen und Messungen erwies sich dieser Ansatz jedoch instabil bezüglich äußerer Temperatureinflüsse [43].

In Abbildung 4.9 ist das Spektrum nach Unterabtastung, bei Anregung mit einem Sinussignal, schematisch dargestellt. Entsprechend der gewählten Abtastfrequenz erscheint die k-te Verschiebung des abgetasteten Signals entsprechend (4.10) innerhalb des resultierenden Nyquistbandes. Die Position des unterabgetasteten Signals innerhalb des Nyquistbandes bzw. die dafür erforderliche Abtastfrequenz berechnet sich nach

$$f_{A.pos}(k, f_{Antr}) = \frac{f_{sub} - f_{Antr}}{k}$$

$$f_{A.neg}(k, f_{Antr}) = \frac{f_{sub} + f_{Antr}}{k} \qquad [4.16]$$

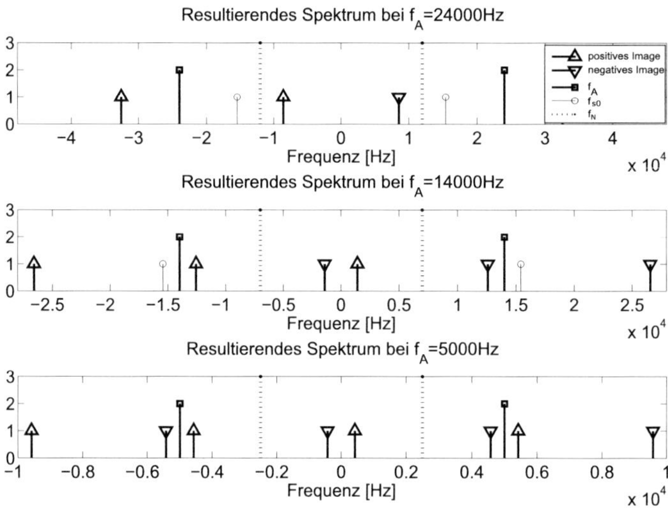

Abb. 4.9.: Schematische Darstellung des resultierenden Spektrums bei Unterabtastung des Antriebsdetektionssignals $s_{A,Det}$ mit unterschiedlichen Abtastfrequenzen

für positive und negative Spiegelfrequenzen. Der Parameter k gibt hierbei die Verschiebung des abzutastenden Signals an.

Da bei der Unterabtastung die Amplitudeninformation des Signals sehr einfach auszuwerten ist, wird diese genutzt, um die Arbeitsweise bei Resonanzfrequenz sicherzustellen. Die Phaseninformation bezüglich des Ursprungssignals könnte ebenfalls genutzt werden, jedoch stellt diese eine komplexere Funktion zusätzlicher Abhängigkeit der Frequenz dar. Die Resonanzfrequenz ω_{0x} kann hierbei nicht nur durch die Phasenverschiebung $\Phi_x = 90°$, sondern auch dadurch beschrieben werden, dass bei Resonanz eine maximale Energieübertragung von der Erregenden Kraft hin zu dem schwingenden System stattfindet. Somit ist bei der Resonanzfrequenz ω_{x0} ein Minimum an Energie aufzuwenden, um die Schwingung des Antriebsschwingers aufrecht zu erhalten. Dieser Sachverhalt, ein Minimum an Energie in das System einzuspeisen, wird genutzt, um eine energieeffiziente Antriebsregelung des Drehratensensors zu realisieren.

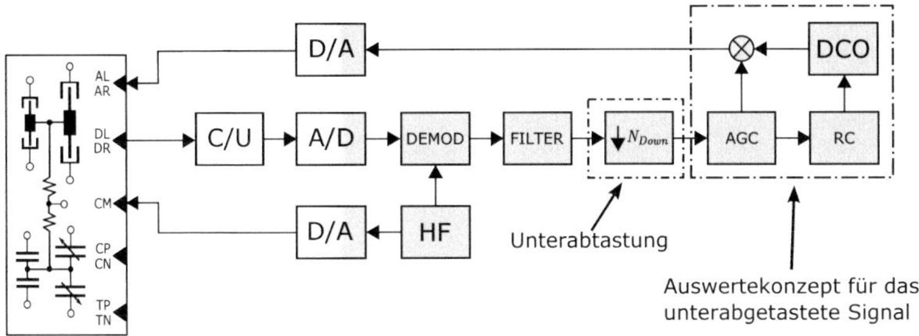

Abb. 4.10.: Auswertekonzept der digitalen Resonanzregelung bei unterabgetastetem Antriebsdetektionssignal; Die Unterabtastung erfolgt innerhalb des digitalen Schaltungsteils.

4.4.1. Systemrealisierung der digitalen Antriebskreisregelung

Das Auswertesystem, an welchem das neuartige Auswertekonzept verifiziert wurde, ist in Abbildung 4.10 dargestellt. Zu beachten ist hierbei, dass die Unterabtastung des Antriebsdetektionssignals nicht direkt am A/D-Wandler der Antriebsdetektion erfolgt, sondern innerhalb des FPGA. Das amplitudenmodulierte Antriebsdetektionssignal wird zunächst demoduliert und anschließend gefiltert, um das eigentliche Antriebsdetektionssignal zu erhalten. Dieses wird dann mittels eines digitalen Downsampling-Bausteins unterabgetastet. Die Verfahrensweise wurde so gewählt, da zunächst die Unterabtastung direkt angewandt auf das nichtmodulierte Antriebsdetektionssignal untersucht werden soll. Die Unterabtastung durch den Downsampling-Baustein kann hierbei der Abtastung des ADC mit reduzierter Abtastrate gleichgesetzt werden [59]. Das mit der Frequenz f_{ADC} abgetastete Antriebsdetektionssignal $s_{A,Det}(n)$ wird dem Dezimierungsbaustein zugeführt und abhängig von dem Unterabtastungsfaktor N_{Down} abgetastet. Die Frequenz des unterabgetasteten Signals $s_{A,sub}(n_{sub})$ ergibt sich nach der Unterabtastung zu

$$f_{A,N_{Down}} = \frac{f_{ADC,A}}{N_{Down}}, \qquad [4.17]$$

wobei die Dezimierung mit dem Index n_{sub} jeden N_{Down}'ten Wert des Signals $s_{A,Det}(n)$ übernimmt und die restlichen Werte verwirft. Mit dieser Methode ist es möglich, bei fest vorgegebener Abtastrate des A/D-Wandlers das Systemverhalten für unterschiedliche Unterabtastraten innerhalb des FPGA-Modells zu untersuchen.

Das unterabgetastete Signal $s_{A,sub}(n)$ wird daraufhin der digitalen AGC, dargestellt in Abbildung 4.12, zugeführt. Innerhalb der AGC finden die Amplitudenmessung sowie die

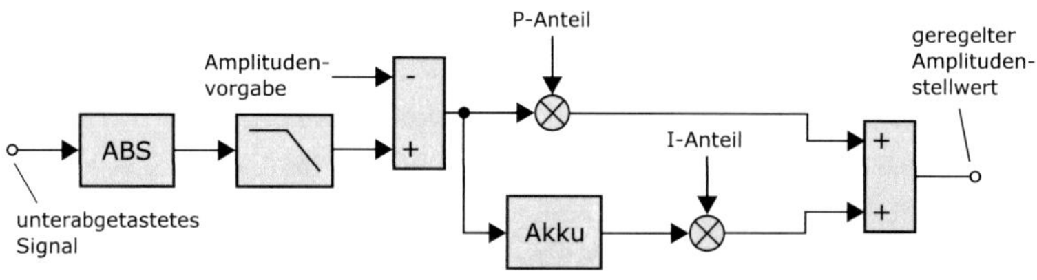

Abb. 4.11.: Baustein zur Unterabtastung bzw. Dezimierung des Einganssignals $s_{A,Det}(n)$ durch Selektion jedes N_{Down}'ten Werts

Abb. 4.12.: Digitale Implementierung der AGC und Bereitstellung des Amplitudenstellwerts als Messgröße

Regelung der Antriebsamplitude des unterabgetasteten Signals statt. Die Amplituden-messung erfolgt durch Absolutwertbildung und Filterung des Gleichanteils, wie zuvor in Kapitel 3 diskutiert. Die Absolutwertbildung erfolgt durch Invertierung des negati-ven Signalwerts am Eingang des Absolutwertbildners mittels einer Multiplikation mit -1. Zur Filterung des Gleichanteils des unterabgetasteten Betragssignals $|s_{A,sub}(n)|$ wird ein digitales Tschebyscheff-Filter vom Typ 2 mit 4. Ordnung verwendet. Die Grenz-frequenz des Filters ist entsprechend der Signalfrequenz $f_{A,sub}$ des unterabgetasteten Signals anzupassen. Der Ausgang der AGC liefert den aktuellen Amplitudenstellwert, der als Messgröße für den Resonanzregler fungiert. In Abbildung 4.13 ist die Abhän-gigkeit des Amplitudenstellwerts von der Anregefrequenz f_{Antr} bzw. f_{NCO} des DDS-Sinusgenerators in einer Messung mit dem realen Sensor dargestellt. Die Messung zeigt, dass die Anregungsfrequenz auf wenige Zehntel Hertz genau eingestellt werden muss, um den Antriebskreis des Sensors genau bei der Resonanzfrequenz anzuregen. Diese sehr genaue und feine Frequenzauflösung wird durch den DDS-Sinusgenerator und dem damit verknüpften digitalen Resonanzregler ermöglicht. Der DDS Sinusgenerator arbei-tet mit Bitbreite des Akkumulators von 32 bit und unterstützt somit eine Frequenzauflö-sung $\Delta f_{NCO,min}$ von $0,73$ mHz bei einer internen Systemtaktrate f_{clk} von $3,125$ MHz.

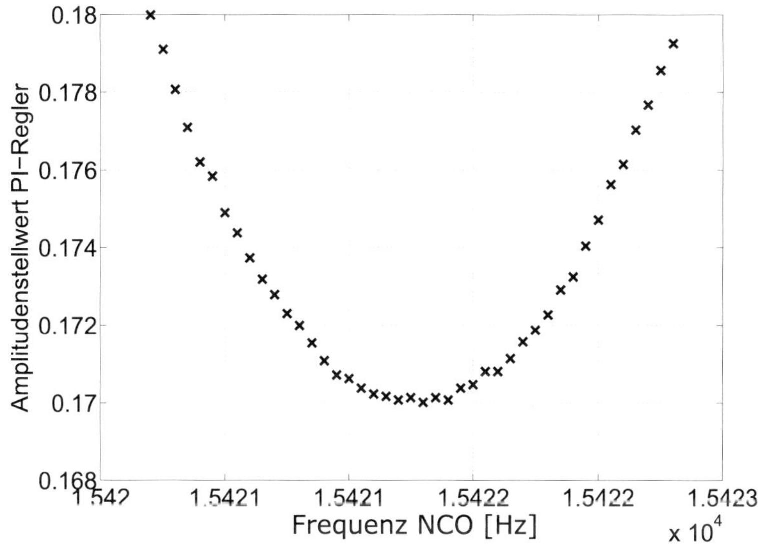

Abb. 4.13.: Messung des Amplitudenstellwerts der AGC in Abhängigkeit der Anregungsfrequenz f_{NCO}

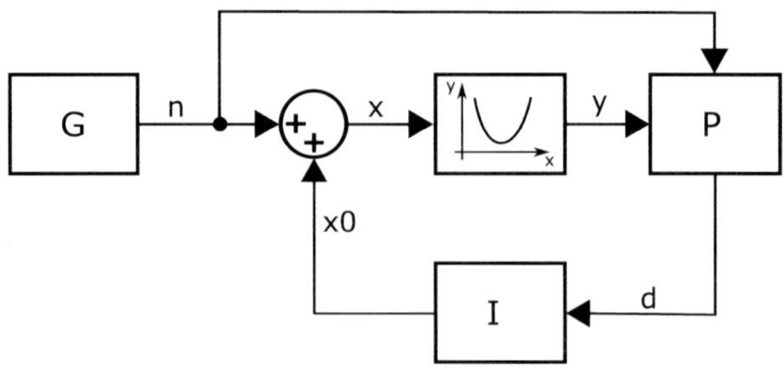

Abb. 4.14.: Allgemeiner Extremwertregler

4.4.2. Digitaler Resonanzregler

In Abbildung 4.15 sind die einzelnen Elemente des Resonanzreglers dargestellt. Die Resonanzregelung hat die Aufgabe, das Minimum des PI-Regler-Amplitudenstellwerts zu finden und dieses auch unter dem Einfluss von äußeren Störungen oder Drifterscheinungen zu halten. Für diese Regelaufgabe wird ein Extremwertregler nach Abbildung 4.14 genutzt, der den nichtlinearen Prozess optimiert [53, 16, 63]. Die Extremwertregelung, dargestellt in Abbildung 4.14, arbeitet mit einem periodischen Testsignal n, welches auf den Arbeitspunkt des Stellwertes x_0 addiert wird und damit den Stellwert x ergibt. Da die Regelstrecke nichtlineares Verhalten aufweist, wird diese um den Arbeitspunkt x_0 linearisiert, so dass sich für den Wert y

$$y = y_0 + n \cdot \frac{dy}{dx}\Big|_{x_0} \qquad [4.18]$$

für das Kleinsignalverhalten ergibt. In dem Block P werden dann das Testsignal und das Messsignal miteinander verknüpft. Der neue Stellwert x_0 errechnet sich durch Integration des Ausgangssignals des Blocks P.

Die in dieser Arbeit genutzte Resonanzregelung arbeitet nach einem ähnlichen Prinzip. Das Eingangssignal der Resonanzregelung ist der aktuelle Amplitudenstellwert des PI-Reglers der AGC. Als Ausgangssignal liefert der Resonanzregler den aktuell, entsprechend der Gradientenauswertung $f(\Delta x, \Delta y)$ berechneten Wert für das Phaseninkrement des DDS-Sinusgenerators. Die Arbeitsweise der Resonanzregelung lässt sich anhand der Skizze in Abbildung 4.16 verdeutlichen. Die Funktion zeigt den Zusammenhang zwischen dem Amplitudenstellwert des PI-Reglers als Messwert und dem Phaseninkrement des NCO als Stellgröße. Die Verknüpfung zwischen diesen beiden Größen ist in

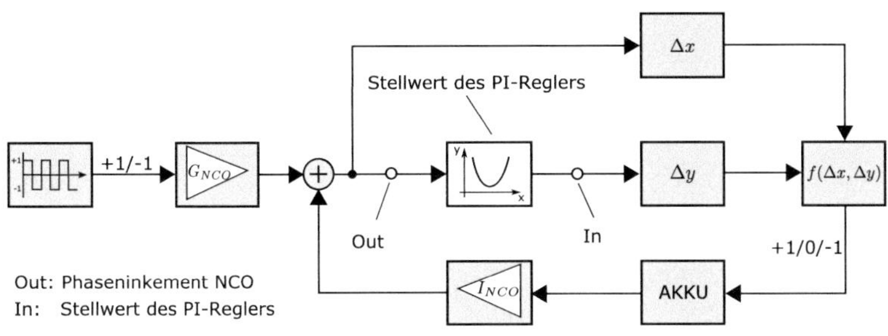

Abb. 4.15.: Blockschaltbild der digitalen Resonanzregelung

der Skizze als quadratisch angenommen. Das Testsignal mit der Amplitude m ändert sich periodisch um den Arbeitspunkt x_0. Das Testsignal wird hierbei durch einen bipolaren Modulator, welcher ausschließlich die Werte +1 und -1 annimmt, erzeugt. Die bipolaren Werte des Testsignalgenerators werden anschließend mit dem Verstärkungsfaktor G_{NCO} multipliziert, um mit dem daraus resultierenden Phaseninkrement PI_{NCO} den notwendigen Frequenzsprung innerhalb des DDS-Sinusgenerators zu erzeugen. Das Phaseninkrement des DDS-Sinusgenerators berechnet sich zu

$$PI_{NCO} = f_{NCO} \cdot T_{clk} = \frac{f_{NCO}}{f_{clk}} \tag{4.19}$$

und somit ergibt sich der Verstärkungsfaktor G_{NCO} für einen Frequenzsprung des NCO zu

$$G_{NCO} = \frac{\Delta f_{NCO}}{f_{clk}}. \tag{4.20}$$

Entsprechend der Modulation des Phaseninkrements und der Amplitudenübertragungsfunktion des Antriebskreises ergibt sich der Amplitudenstellwert des PI-Reglers. Um innerhalb des Regelalgorithmus für die weitere Regelung entscheiden zu können, ob sich der Arbeitspunkt x_0 links oder rechts des Minimums befindet, ist die Bildung und Auswertung der Gradienten Δx und Δy notwendig.

$$\Delta x = x_{n+1} - x_n = (x_0 \pm m) - (x_0 \mp m)$$
$$\Delta y = y_{n+1} - y_n = y_{\pm m}(x_0 \pm m) - y_{\mp m}(x_0 \mp m) \tag{4.21}$$

Für den in Abbildung 4.16 oben dargestellten Fall ergeben sich bei der Änderung des Phaseninkrements PI_{NCO}, von $x_0 - m$ nach $x_0 + m$, die Gradienten zu $\Delta x > 0$ und $\Delta y < 0$. Mit diesen Gradienten kann nun eine Entscheidung innerhalb des Prioritätsdekoders P

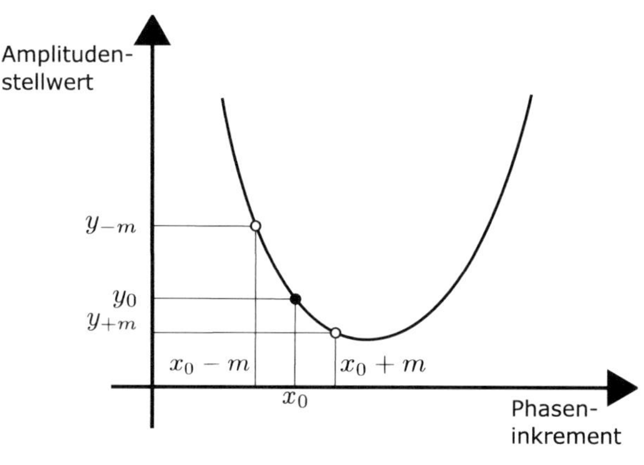

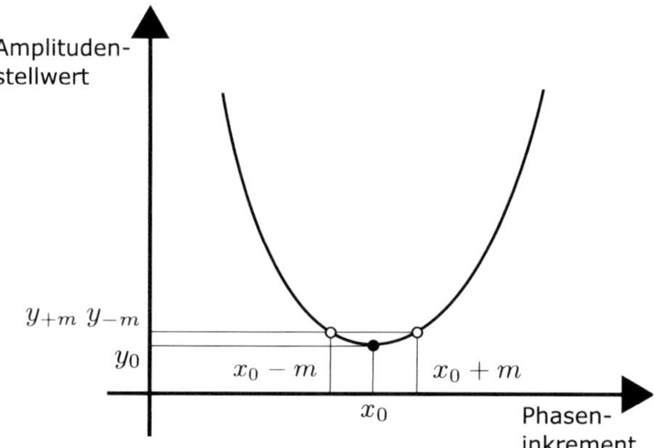

Abb. 4.16.: Funktionsweise der Resonanzregelung: Das Phaseninkrement des NCO wird aufgrund der Gradientenmessung schrittweise erhöht (oben) wenn das Optimum oberhalb des aktuellen Arbeitspunktes liegt oder konstant gehalten (unten), sofern der aktuelle Arbeitspunkt dem Optimum entspricht.

$p = f(\Delta x, \Delta y)$		Δy		
		>0	=0	<0
Δx	>0	-1	0	+1
	=0	0	0	0
	<0	+1	0	-1

Abb. 4.17.: Tabelle der Funktionswerte des Prioritätsdekoders

über die Lage des Minimums getroffen werden. Voraussetzung für die Optimierung des Phaseninkrements ist, dass innerhalb des Suchbereichs nur ein Optimum des Amplitudenstellwerts vorhanden ist und somit die Gütefunktion linksseitig und rechtsseitig vom Optimum streng monoton wachsend, bzw. fallend ist. Das Ergebnis des Prioritätsdekoders ist entsprechend den Eingangsgradienten

$$p = f(\Delta x, \Delta y) = \begin{cases} -sign(\Delta x)sign(\Delta y) & ,\text{falls} \Delta x \neq 0 \wedge \Delta y \neq 0 \\ 0 & ,\text{sonst} \end{cases} . \qquad [4.22]$$

Die Funktion (4.22) kann durch logische Operatoren gemäß Abbildung 4.17 realisiert werden. Die Ausgangswerte des Prioritätsdekoders geben an, ob die aktuelle Frequenz des NCO

- erhöht: +1

- erniedrigt: -1

- unverändert: 0

bleiben soll und werden innerhalb des Akkumulators aufaddiert. Der Stand des Akkumulators gibt daraufhin, abhängig von der Arbeitsschrittweite I_{NCO}, den aktuellen Arbeitspunkt

$$x_0(n_c + 1) = x_0(n_c) \pm I_{NCO} \qquad [4.23]$$

des Phaseninkrements des NCO an. Die zuvor beschriebenen Vorgänge werden innerhalb des Regelalgorithmus in 5 Schritten abgearbeitet:

1. Frequenzsprung des NCO

2. Messung der Gütefunktion

3. Berechnung der Gradienten

4. Auswertung des Prioritätsdekoders

5. Ausgabe des neuen Stellwerts

Sofern ein Wert des Prioritätsdekoderausgangssignal überwiegt, bedeutet dies, dass sich der aktuelle Arbeitspunkt außerhalb des Optimums befindet. Sind die Werte +1 und -1 gleichverteilt, befindet sich der aktuelle Arbeitspunkt im gesuchten Optimum der Gütefunktion. Die Regelgeschwindigkeit der Resonanzregelung ist hierbei abhängig von Ausregelzeit des PI-Reglers der AGC. Die Arbeitsfrequenz des Resonanzreglers wurde empirisch, durch das Aufschalten eines Frequenzsprungs der Antriebsfrequenz, zu einem maximalen Wert von $2,6\,\mathrm{Hz}$ festgestellt.

4.4.3. Adaption der Arbeitsschrittweite

Mit jeder Ausgabe des neuen Stellwertes x_0 wird der Akkumulator mit einer fest vorgegebenen Schrittweite I_{NCO}, entsprechend dem Ausgangswert des Prioritätsdekoders $p(\Delta x, \Delta y)$, inkrementiert.

$$x_0(n_c + 1) = x_0(n_c) + I_{NCO} \cdot p(\Delta x, \Delta y) \qquad [4.24]$$

Dieser Inkrementierungsschritt I_{NCO} kann durch einen festen Wert vorgegeben sein. Die Problematik für eine feste Vorgabe der Arbeitsschrittweite ist nachfolgend dargestellt. In Abbildung 4.18 ist die Schrittweite des Resonanzreglers fest auf $I_{NCO} = 2Hz$ eingestellt. Die Simulation zeigt das Phaseninkrement bzw. die Frequenz f_{NCO} des DDS Sinusgenerators, das Ausgangssignal $p(\Delta x, \Delta y)$ des Prioritätsdekoders sowie die Schrittweite m. Der Startwert des Reglers ist zu $x_0 = 15580\,\mathrm{Hz}$ gewählt. Die Resonanzfrequenz des Antriebsschwingers beträgt $16,0\,\mathrm{kHz}$. Die Simulation zeigt, dass der Regler relativ schnell das Minimum des PI-Regler Stellwerts bei der vorgegebenen Resonanzfrequenz findet. Sofern das Optimum erreicht ist, pendelt der Regler jedoch mit fest vorgegebener Schrittweite um das Optimum. Bei einer vorgegebenen Schrittweite von $2,0\,\mathrm{Hz}$ verursacht dies nicht tolerierbare Störungen bei der nachfolgenden Demodulation des Drehratensignals. Eine Alternative zu der großen Schrittweite ist, diese auf einen Minimalwert festzusetzen, so dass bei Erreichen des Optimums die Abweichung des aktuellen Arbeitspunktes x_0 von der realen Resonanzfrequenz des Sensors minimal wird. In Abbildung 4.19 ist die Arbeitsschrittweite zu $I_{NCO} = 0,1\,\mathrm{Hz}$ festgelegt. Die klei-

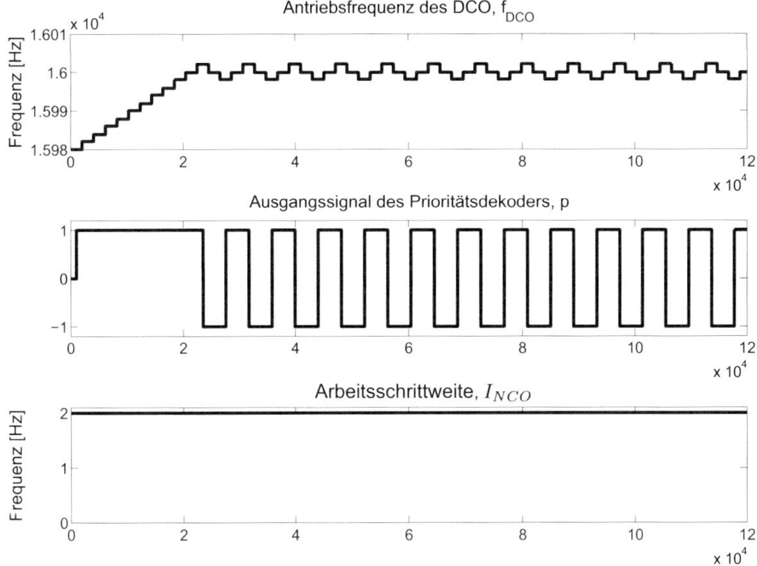

Abb. 4.18.: Simulationsergebnisse der digitalen Resonanzregelung mit einer fest vorgegebenen Arbeitsschrittweite von $m = 2Hz$

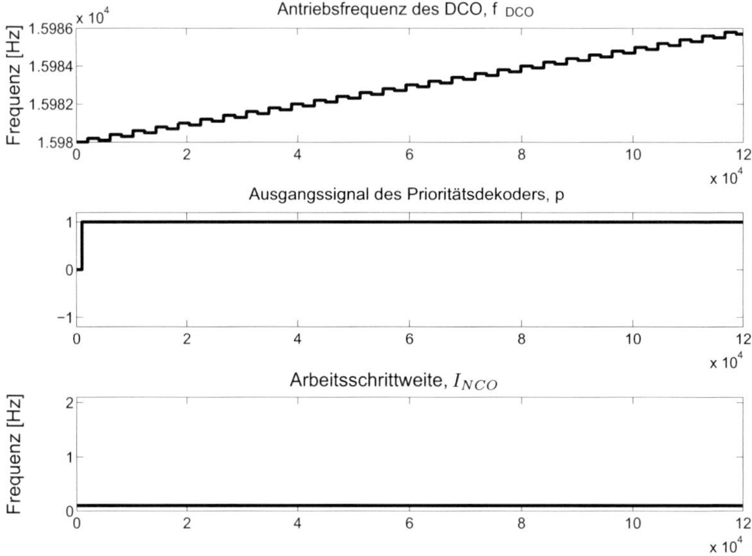

Abb. 4.19.: Simulationsergebnisse der digitalen Resonanzregelung mit einer fest vorgegebene Arbeitsschrittweite von $I_{NCO} = 0,1$ Hz

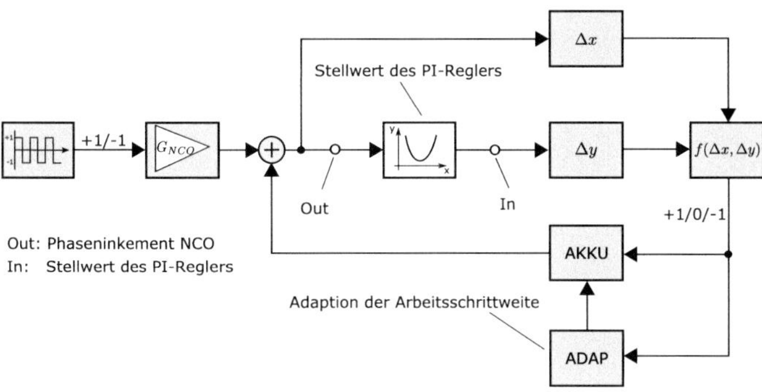

Abb. 4.20.: Blockschaltbild der digitalen Resonanzregelung mit Adaption der Integrationszeitkonstanten bzw. der Arbeitsschrittweite

nere Schrittweite verursacht bei der Demodulation deutlich geringere Störungen innerhalb des Drehratensignals. Jedoch wird aufgrund der kleineren Arbeitsschrittweite von
$I_{NCO} = 0,1$ Hz die Zeitdauer bis zum Erreichen des Optimums sehr groß.

Diese Problematik kann durch Adaption der Arbeitsschrittweite m des Akkumulators wie in Abbildung 4.20 dargestellt entschärft werden. Der Grundgedanke bei der
Adaption besteht darin, die Arbeitsschrittweite m des Akkumulators bei großer Entfernung vom Optimum zu einem Maximalwert $I_{NCO,max}$ und bei sehr kleiner Entfernung
vom Optimum zu einem Minimalwert $I_{NCO,min}$, zu wählen. Als Maß für die Entfernung
vom Optimum kann der Mittelwert des Prioritätsdekodersignals $\overline{p(\Delta x, \Delta y)}$, welcher eine qualitative Aussage über die Entfernung zum Minimum liefert, genutzt werden. Die
Werte zwischen der minimalen und maximalen Arbeitsschrittweite können gemäß Abbildung 4.21 linear interpoliert werden. Das Resultat mit Adaption der Arbeitsschrittweite I_{NCO} ist in Abbildung 4.22 simulativ dargestellt. Die adaptive Anpassung der Arbeitsschrittweite vereinigt die Vorteile der beiden vorhergehenden Beispiele. Zum einen
wird durch die maximale Schrittweite $I_{NCO,max}$ ein rasches Annähern an das Optimum
aus weiter Entfernung ermöglicht. Zum anderen wird bei Erreichen des Optimums, dies
durch die angepasste und kleine minimale Schrittweite $I_{NCO,min}$ mit einem minimalen
Frequenzabstand gehalten.

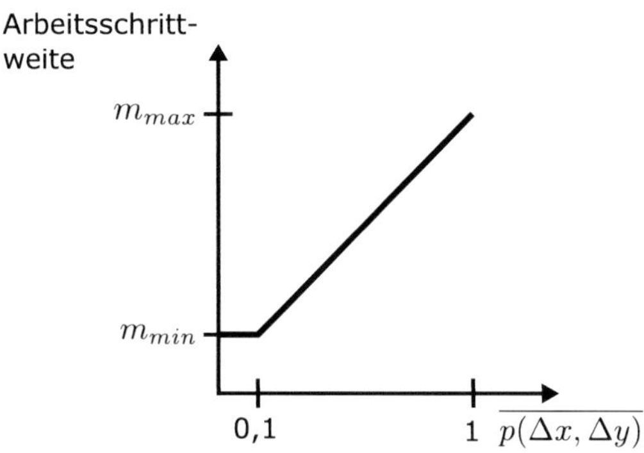

Abb. 4.21.: Kennlinie der adaptiven Arbeitsschrittweite

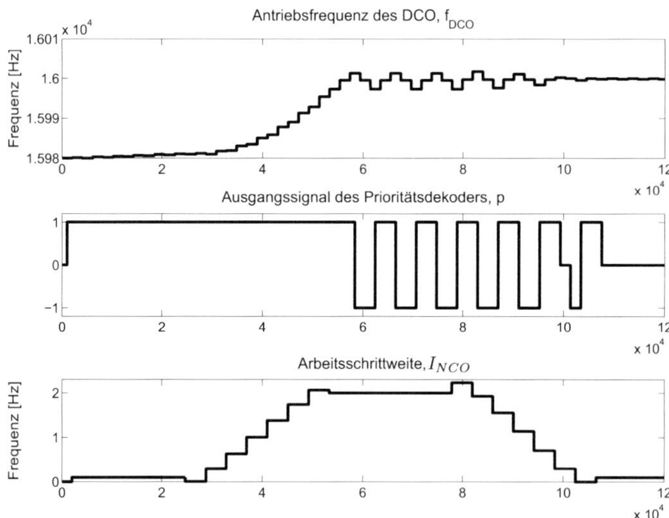

Abb. 4.22.: Simulationsergebnisse der digitalen Resonanzregelung mit Adaption der Integrationszeitkonstanten bzw. Arbeitsschrittweite

Abb. 4.23.: Messaufbau mit Drehtisch zur Verifikation des unterabgetasteten Systemansatzes

4.5. Messergebnisse bei Unterabtastung des Antriebsdetektionssignals

Im folgenden Abschnitt werden die Messergebnisse des unterabgetasteten Antriebskonzepts vorgestellt. Es soll die Auswirkung der Unterabtastung des Antriebs sowie der neuartigen Antriebsresonanzregelung auf das Drehratenausgangssignal untersucht werden. In Abbildung 4.23 ist der Messaufbau zur Charakterisierung des neuen Systemansatzes dargestellt.

4.5.1. Messergebnisse bei Unterabtastung des Antriebsdetektionssignals innerhalb des digitalen Schaltungsteils

Das Detektionssignal wurde bei dieser Messreihe nicht unterabgetastet. Die Abtastfrequenz des ADC des Detektionskreises ist auf einen Wert von $3,125$ MHz gesetzt und der Detektionsschwinger ist als offener Regelkreis betrieben. Die Filterausgangsstufe der CIC-Ausgangsfilter ist auf eine Bandbreite von 50 Hz begrenzt. Das Blockschaltbild der Messschaltung ist in Abbildung 4.24 dargestellt. Durch geeignete Wahl des Unterabtastungsfaktors N_{Down} lassen sich unterschiedliche Abtastfrequenzen realisieren. Die PLL innerhalb der Auswerteschaltung dient zur variablen Einstellung der Demodulations-

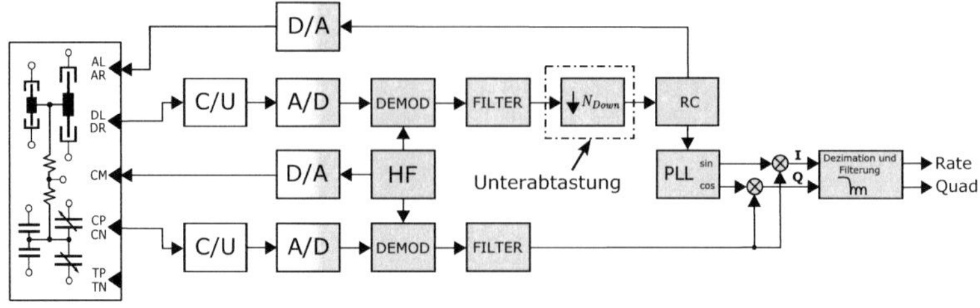

Abb. 4.24.: Blockschaltbild des digitalen Auswertekonzepts zur Untersuchung des Systemverhaltens bei unterschiedlichen Abtastraten

phase. In Tabelle 4.1 sind die Unterabtastungsfaktoren N_{Down}, die daraus resultierenden Abtastfrequenzen $f_{A,N_{Down}}$ sowie die nach Unterabtastung des bei Resonanzfrequenz f_{0x} betrieben Sensors entstehende Spiegelfrequenz $f_{sub,A}$ aufgelistet. Eine weitere wichtige Größe für das Systemverhalten ist das Verhältnis zwischen der Abtastfrequenz $f_{A,N_{Down}}$ und der resultierenden Spiegelfrequenz $f_{sub,A}$. Die Spiegelfrequenz $f_{sub,A}$ wird, abhängig von dem gewählten Unterabtastungsfaktor N_{Down}, in das resultierende Nyquistband

$$f_{N,sub} = \left[0 < f_{sub,A} < \frac{f_{A,N_{Down}}}{2} \right] \qquad [4.25]$$

abgebildet. Je höher dieser Quotient ist, desto geringer ist das Amplitudenrauschen bei der Amplitudenbestimmung des unterabgetasteten Signals. Dieses Verhalten ist jedoch konzeptbedingt und abhängig von dem verwendeten Verfahren zur Amplitudenbestimmung. Die folgenden Messergebnisse beruhen auf der Konfiguration Nr.4 in Tabelle 4.1. In Abbildung 4.25 ist das gemessene Prioritätsdekodersignal dargestellt. Wie erwartet, hat es einen Mittelwert von Null, da das System eingeschwungen ist und die aktuelle Frequenz f_{NCO} des DDS-Sinusgenerators mit der Resonanzfrequenz des Sensorelements übereinstimmt. Von Interesse ist nun, wie sich die Modulation des Testsignals mit der Modulationsschrittweite G_{NCO} auf das Drehratensignal auswirkt. Bei einem Frequenzsprung von mehreren Zehntel Hertz werden Störungen innerhalb des Drehratensignals erwartet, da die Amplitudenänderung durch das Testsignal nicht zu vernachlässigen ist. Die Mitkoppelspannung ist so gewählt, dass eine möglichst hohe Empfindlichkeit durch Vollresonanzabgleich des Detektionsschwingers erzielt wird. Bei dem verwendeten Sensorelement ist der Vollresonanzabgleich gemäß der dargestellten Messreihe in Abbildung 4.26, bei einer Spannung von $U_{Mit} = 3,9V$ gewährleistet. Bei

$Nr.$	f_{0x}	N_{Down}	$f_{A,N_{Down}}$	$f_{sub,A}$	$\dfrac{f_{A,N_{Down}}}{f_{sub,A}}$
1	15424 Hz	190	16447,4 Hz	1023,4 Hz	16,1
2	15424 Hz	381	8202,1 Hz	980,2 Hz	8,4
3	15424 Hz	761	4106,4 Hz	1001,8 Hz	4,1
4	15424 Hz	400	7812,5 Hz	201,0 Hz	38,9
5	15424 Hz	800	3906,3 Hz	201,0 Hz	19,4
6	15424 Hz	1600	1953,1 Hz	201,0 Hz	9,7
7	15424 Hz	2416	1293,5 Hz	97,5 Hz	13,3
8	15424 Hz	3221	970,2 Hz	99,1 Hz	9,8
9	15424 Hz	4831	646,9 Hz	100,7 Hz	6,4
10	15424 Hz	6442	485,1 Hz	99,1 Hz	4,9

Tab. 4.1.: Messreihe zur Verifikation des Ausgangsrauschens des Drehratensignals bei unterschiedlichen Abtastfrequenzen $f_{A,N_{Down}}$

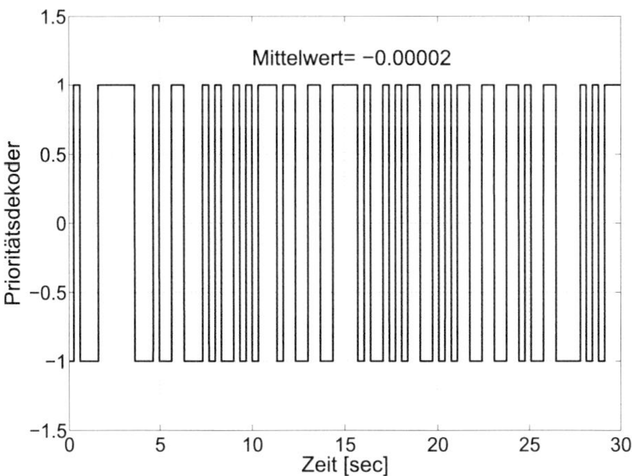

Abb. 4.25.: Messwerte des Prioritätsdekoderausgangssignals bei unterabgetastetem Betrieb

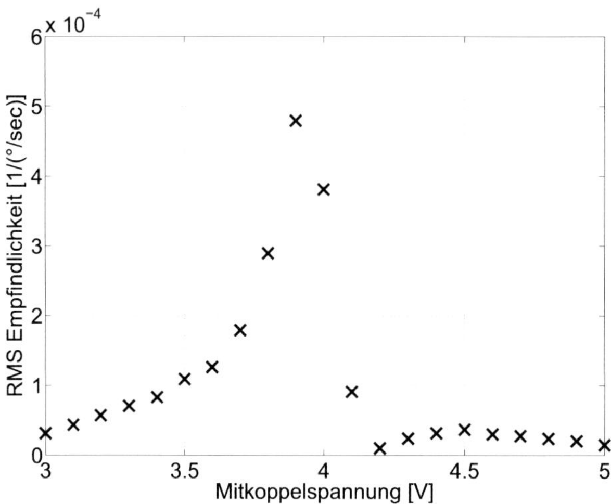

Abb. 4.26.: Empfindlichkeit des Drehraten-Inphasen-Kanals in Abhängigkeit von der Mitkoppelspannung, dargestellt als Effektivwert

Mitkoppelspannungen ober- bzw. unterhalb $U_{Mit} = 3,9V$ nimmt die Empfindlichkeit der Drehratensignalauswertung stark ab.

In Abbildung 4.27 ist das Rauschverhalten des Drehratensignals innerhalb des In-phasen-Kanals [3] in Abhängigkeit des Testsignalfrequenzsprungs der Resonanzregelung dargestellt. Die Höhe des Testsignalfrequenzsprungs wurde hierbei von $0,005\,\mathrm{Hz}$ bis $0,2\,\mathrm{Hz}$ in einer Auflösung von $0,005\,\mathrm{Hz}$ variiert. Bis zu einer Höhe des Testsignal-frequenzsprungs von $0,06\,\mathrm{Hz}$ ist der Effektivwert des Rauschens des Drehratensignals unter einem Wert von $0,1°/\mathrm{s}$. Die Höhe des Ausgangsrauschens ist jedoch abhängig von der analogen Vorverstärkung der C/U-Wandler des analogen Frontends und dem damit verknüpften maximalen Aussteuerbereich der A/D-Wandler.

Abbildung 4.28 und 4.29 zeigen Messergebnisse, bei denen die analoge Vorverstär-kung so gewählt wurde, dass der Aussteuerbereich der A/D-Wandler nahezu voll ge-nutzt wurde. Hierbei ist in Abbildung 4.28 das Drehratensignal bei zwei unterschiedlich großen Frequenzsprüngen des Testsignals dargestellt. Die Anregung des Sensors erfolgt auf einem Drehtisch durch ein sinusförmiges Anregungssignal mit einer Drehrate von

---

[3]Der Inphasen-Kanal nach der I/Q-Demodulation des Drehratendetektionssignals wird auch Rate-Kanal genannt. Das $90°$ dazu verschobene Signal wird als Quadratursignal bezeichnet.

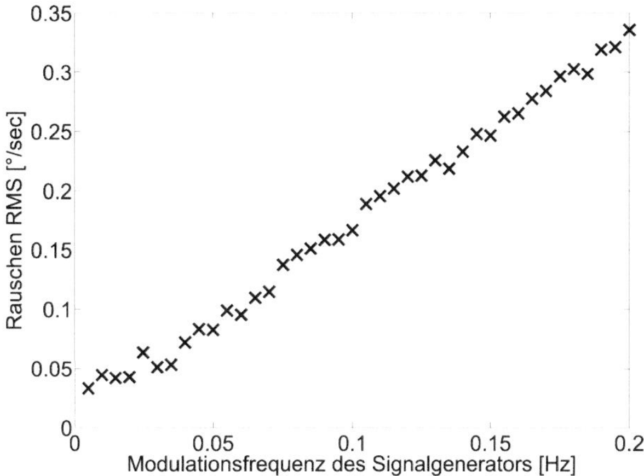

Abb. 4.27.: Effektivwert des Störsignals innerhalb des Drehratenkanals in Abhängigkeit von unterschiedlich hohen Frequenzsprüngen des Testsignals

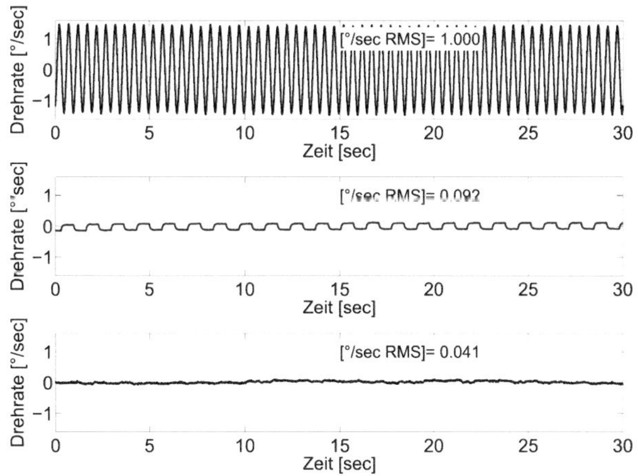

Abb. 4.28.: Messung des Drehratenausgangssignals bei unterschiedlichen Frequenzsprüngen des Testsignals; Oben: sinusförmige Anregung von $1°/s$ Effektivwert; Mitte: Drehratenausgangssignal bei einem Testsignalfrequenzsprung von $0{,}1$ Hz; unten: Drehratenausgangssignal bei einem Testsignalfrequenzsprung von $0{,}05$ Hz

$1°/\mathrm{s}$ Effektivwert und einer Anregungsfrequenz von 2 Hz. In der obersten Messung ist das Drehratensignal mit einer Frequenz von 2 Hz und einer Amplitude von $1{,}41°/\mathrm{s}$ korrekt wiedergegeben. Bei der mittleren und unteren Messung wurde der Drehtisch in Ruhe gehalten. In der mittleren Messung ist das Testsignal zur Resonanzregelung bei unterabgetastetem Betrieb deutlich zu erkennen. Die Störung, verursacht durch die Frequenzsprünge von $0{,}1$ Hz des Testsignals, resultieren in einem fehlerhaft interpretierten Drehratensignal mit einem Effektivwert von $0{,}092°/\mathrm{s}$. Wird die Höhe der Frequenzsprünge des Testsignals auf einen Wert von $0{,}03$ Hz verringert, ergibt sich das Messergebnis nach Abbildung 4.28 unten. Durch die Reduktion der Testsignalfrequenzsprünge ist das Störsignal auf einen Effektivwert von $0{,}041°/\mathrm{s}$ bei ruhendem Drehtisch abgesunken. Diese Messergebnisse zeigen, dass die Qualität des Drehratensignals bei unterabgetastetem Betrieb stark von der Höhe des gewählten Testsignalfrequenzsprungs der Resonanzregelung abhängt. Um die Störungen zu minimieren, sollte ein möglichst kleiner Frequenzsprung gewählt werden. Die minimale Höhe des Frequenzsprungs richtet sich allerdings nach dem Rauschen des PI-Regler-Stellsignals. Durch die nachfolgende Berechnung des Differenzsignals Δy sollte die Möglichkeit gegeben sein, diesen Frequenzsprung zu detektieren, da ansonsten der reguläre Betrieb der Resonanzregelung nicht mehr gewährleistet ist.

In Abbildung 4.29 ist die Abhängigkeit des Effektivwerts des Störsignals innerhalb des Rate-Kanals nach Demodulation und Ausgangsfilterung dargestellt. Durch geeignete Wahl der Höhe des Frequenzsprungs des Testsignals kann die Störung bei noch funktionaler Resonanzregelung bis auf einen Effektivwert von $0{,}022°/\mathrm{s}$ reduziert werden. Somit bietet das Systemkonzept mit unterabgetastetem Antriebssignal großes Potential, die Abtastrate der A/D-Wandler zur Digitalisierung des Antriebsdetektionssignals signifikant zu reduzieren und dennoch aktuell geforderte Spezifikationen hinsichtlich des Systemrauschens zu erfüllen. In Verbindung mit einem Power-Down des analogen Frontends kann so die Stromaufnahme des Sensorsystems erheblich reduziert werden.

4.5.2. Messergebnisse bei Unterabtastung des trägermodulierten Antriebsdetektionssignals direkt durch den A/D-Wandler

Bisher erfolgte die Unterabtastung innerhalb des digitalen Schaltungsteils des FPGA. Das unterabgetastete Signal wurde nach der Demodulation mit dem Trägersignal durch

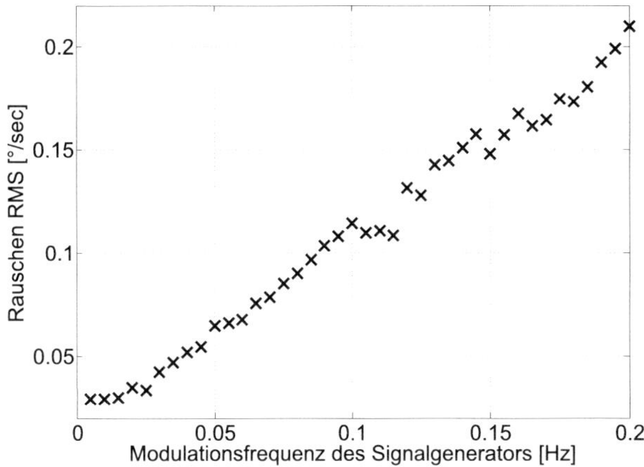

Abb. 4.29.: Effektivwert des Störsignals innerhalb des Drehratenkanals in Abhängigkeit von unterschiedlich hohen Frequenzsprüngen des Testsignals

einen Downsampling-Baustein, welcher nur jeden N_{Down}'ten Abtastungswert des höherfrequenten Eingangssignal behält und die restlichen Werte verwirft, erzeugt.

Abbildung 4.30 zeigt den Schaltungsaufbau einer Systemrealisierung, bei der die Unterabtastung direkt bei der A/D-Wandlung erfolgt. Hierzu wird die Abtastrate des A/D-Wandlers entsprechend der gewünschten Abtastfrequenz angepasst. Das Spektrum des resultierenden Nyquistbandes ist in diesem Fall komplexer, da das unterabzutastende Signal aus der Trägerfrequenz und den zwei modulierten Seitenbändern besteht. Somit ergeben sich nach der Unterabtastung drei Frequenzkomponenten innerhalb des Ny-

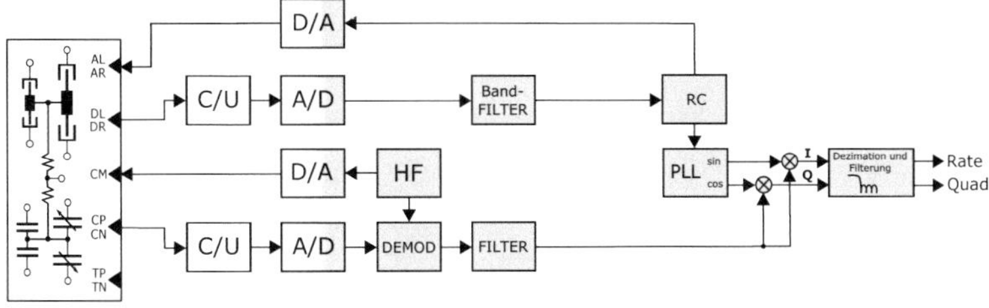

Abb. 4.30.: Blockschaltbild der Systemrealisierung bei Unterabtastung des trägermodulierten Antriebsdetektionssignals direkt durch den A/D-Wandler

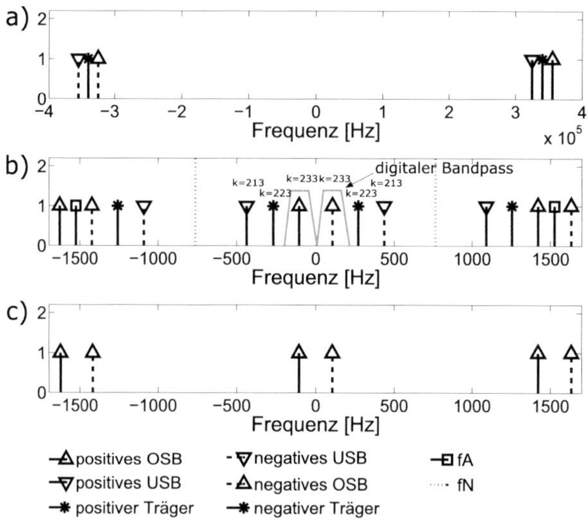

Abb. 4.31.: Resultierendes Spektrum bei Unterabtastung des gegebenen analogen Bandpasssignals

quistbandes. Durch die direkte Abtastung des A/D-Wandlers mit einer reduzierten Abtastrate erfolgt eine Frequenzverschiebung der hochfrequenten Bandpasssignale in den Basisbandbereich, so dass bei dieser Systemrealisierung die Demodulation mit der Trägerfrequenz nicht erforderlich ist und dementsprechende Hardwarebausteine eingespart werden können. Jedoch ist die Abtastfrequenz so zu wählen, dass sich die einzelnen Frequenzkomponenten innerhalb des resultierenden Nyquistbandes nicht überlappen. Gemäß Abbildung 4.31 ist die Trägerfrequenz zu 340 kHz gewählt. Der Antriebskreis des Sensors wird mit der Resonanzfrequenz von $f_{x0} = 15424$ Hz angeregt. Abbildung 4.31 gibt das diesbezügliche Spektrum schematisch dargestellt wieder. In der Teildarstellung $a)$ ist das ideale Spektrum als Bandpasssignal mit der Trägerfrequenz f_T und den beiden dazugehörigen Seitenbändern dargestellt. Die Frequenzkomponenten außerhalb des Bandpasssignals sind in der gezeigten Darstellung zu Null angenommen. Das so dargestellte Spektrum zeigt die spektrale Situation des analogen abzutastenden Signals. Wird nun eine Abtastfrequenz gewählt, die deutlich geringer als die Resonanzfrequenz des Sensors ist, resultiert das in Abbildung 4.31 $b)$ dargestellte Spektrum. Die Abtastfrequenz des A/D-Wandlers ist in diesem Fall zu $f_A = 3,125\,\mathrm{MHz}/2^{11} \approx 1525,9$ Hz ge-

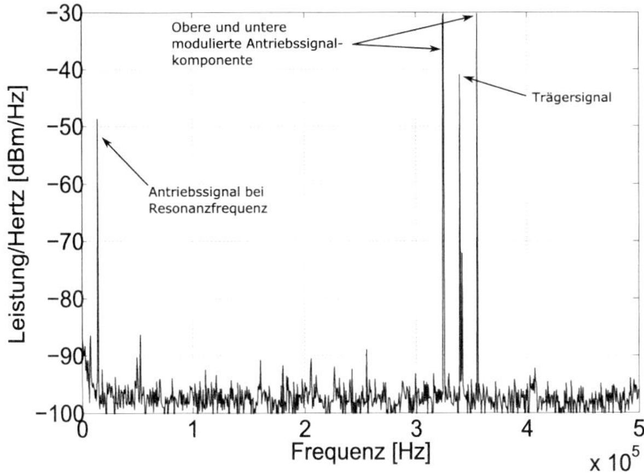

Abb. 4.32.: Spektrum nach analoger C/U-Wandlung der Antriebsdetektion

wählt. Durch die geringe Abtastrate werden die einzelnen Frequenzkomponenten des Bandpasssignals in das resultierende Nyquistband gefaltet. Das positive Nyquistband enthält somit die gemäß (4.10) spektrale Verschiebung des Wertes $k = 233$ des negativen oberen Seitenbands, die spektrale Verschiebung des Wertes $k = 213$ des negativen unteren Seitenbands sowie die spektrale Verschiebung des Wertes $k = 223$ des Trägersignals der Bandpasskomponenten. Als relevante Frequenzkomponente wird die spektrale Verschiebung des Wertes $k = 233$ des negativen oberen Seitenbands bei $105, 8$ Hz durch ein digitales Bandpassfilter extrahiert. Das digitale Spektrum nach Bandpassfilterung ist in der Teilabbildung c) dargestellt. Das digitale bandpassgefilterte Signal wird daraufhin der Amplitudenmessung des Resonanzreglers zugeführt. Ab diesem Punkt ist die Signalverarbeitung identisch zu der in Abbildung 4.24.

In Abbildung 4.32 ist die spektrale Messung des analogen Antriebsdetektionssignals nach der C/U-Wandlung dargestellt. Das Spektrum zeigt das Trägersignal bei einer Frequenz von 340 kHz. Weiterhin sind das obere und untere modulierte Seitenband der Antriebsstimulation bei einer Frequenz von $340\,\text{kHz} \pm 15424$ Hz zu erkennen. Das C/U-Wandler Detektionssignal des Antriebs enthält außerdem die einfache Frequenzkomponente des Anregungssignals bei $f_{Antr} = 15424$ Hz. Anders als in Abbildung 4.31 angenommen liegt nun kein reines Bandpasssignal zur Unterabtastung vor. Bei der Wahl der Abtastfrequenz muss darauf geachtet werden, dass die Resonanzfrequenzkompo-

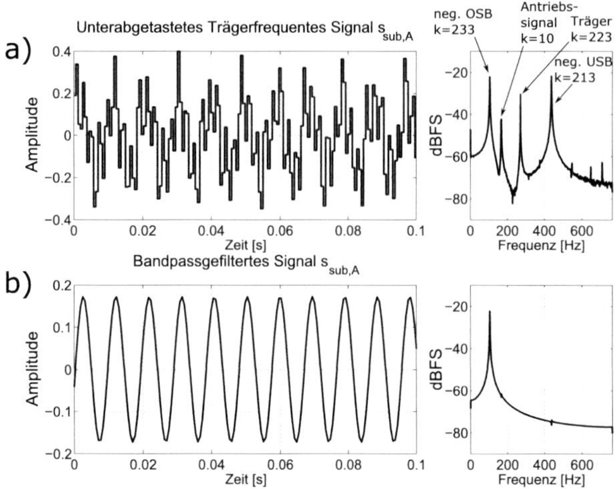

Abb. 4.33.: Messung des unterabgetasteten analogen C/U-Wandler Detektionssignals des Antriebs mit dazugehörigem Spektrum. a) vor digitaler Bandpassfilterung, b) nach digitaler Bandpassfilterung

nente nicht in das relevante Signalband bei $105,8$ Hz gefaltet wird. In Abbildung 4.33 ist das unterabgetastete Signal mit zugehörigem Spektrum dargestellt. Die Einheit des Spektrums ist in dBFS [4] gegeben. Die Lage der spektralen Komponenten ist bis auf die $k = 10$ Verschiebung des Antriebssignals wie in Abbildung 4.31 erwartet. Die relevante Information des Signals bei $105,8$ Hz wird durch ein digitales Bandpassfilter extrahiert und kann zur Resonanzregelung des Antriebskreises genutzt werden. Die Messergebnisse zum Ausgangsrauschen innerhalb des Drehratenkanals in Abbildung 4.34 zeigen nahezu identisches Verhalten bezüglich des Rauschens, verursacht durch die Testsignalfrequenzsprünge des Resonanzreglers zu den in Abbildung 4.27. Aus diesem Ergebnis lässt sich folgern, dass für die Bewertung des Systemverhaltens des Resonanzreglers bei unterschiedlichen Abtastraten, die in Abbildung 4.24 dargestellte Systemrealisierung eine gültige Methode darstellt. Die Unterabtastung eines trägerfrequenten Bandpasssignals bietet in einer praktischen Realisierung die Möglichkeit, das Eingangsrauschen,

---

[4]dBFS, engl. Abkürzung für „dezibels relative to full scale"; dBFS beschreibt die Amplitude in Dezibel eines digitalen Systems, wobei 0 dBFS der Vollaussteuerung des A/D-Wandlers entspricht.

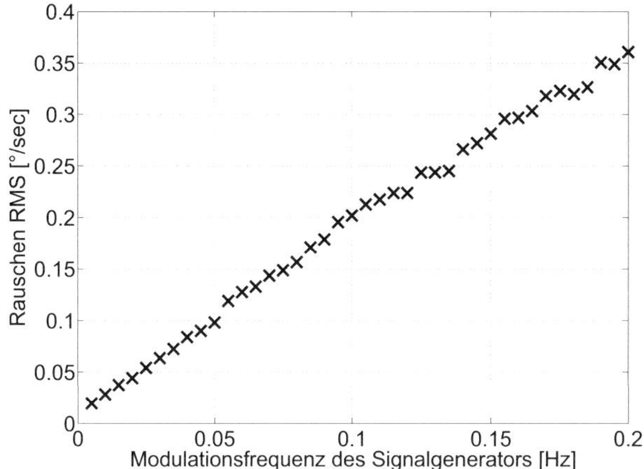

Abb. 4.34.: Effektivwert des Störsignals innerhalb des Drehratenkanals in Abhängigkeit von unterschiedlich hohen Frequenzsprüngen des Testsignals bei der Systemrealisierung mit direkter Unterabtastung durch den A/D-Wandler

wie z.B. das 1/f-Rauschen der Operationsverstärker vor der Abtastung durch einen geeigneten analogen Bandpass- oder Tiefpassfilter weiter zu reduzieren.

5. Energieeffiziente Coriolisdetektion

Bis zu diesem Kapitel wurde ein Ansatz mit Systemrealisierung für den leistungseffizienten Betrieb der analogen Vorverstärkung des Antriebskreises des Drehratensensors vorgestellt. Die Energieeinsparung wird hierbei hauptsächlich durch Power-Down der analogen Vorverstärkungselektronik bei stark reduzierter Abtastrate erzielt. Die vorrangigen Leistungsverbraucher sind die Operationsverstärker zur Kapazitäts-Spannungswandlung in der analogen Vorverstärkerschaltung. Die Auswerteelektronik des Drehratendetektionskreises ist hierbei ähnlich des Antriebskreises. Die Drehratendetektion beruht auf der Auswertung der Kapazitätsänderungen aufgrund der Coriolisbeschleunigung des Detektionsschwingers. Auch hier kann, wie zuvor bei der energieeffizienten Antriebskreisregelung, eine sehr deutliche Leistungsreduktion durch Power-Down der analogen Vorverstärkung, in Verbindung mit einer stark reduzierten Abtastrate des A/D-Wandlers des Detektionskreises realisiert werden. Im Folgenden wird ein Auswertekonzept zur energieeffizienten Drehratendetektion eines kapazitiven mikromechanischen Drehratensensors vorgestellt.

5.1. Unterabtastung von Bandpasssignalen

Die Abtastung von Bandpasssignalen ist von hoher Relevanz auf dem Gebiet der digitalen Signalverarbeitung. Dort ist das Verfahren der Bandpassabtastung in Bereichen wie Optik, Radar- und Ultraschallanwendungen, Kommunikationstechnik, Messtechnik und Biomedizin erfolgreich etabliert [64, 36, 19, 40]. In der Literatur wird die Unterabtastung von Bandpasssignalen auch, Sub-Nyquist-Abtastung, Bandpassabtastung oder ZF (Zwischenfrequenz)-Abtastung genannt.

Die Bandpasssituation ist in Abbildung 5.1 dargestellt. Die Mittenfrequenz des reelwertigen zeitkontinuierlichen Bandpasssignals mit der Bandbreite B ist mit f_c gekennzeichnet. Würde man das Bandpasssignal als Tiefpasssignal interpretieren, müsste die Abtastfrequenz nach Nyquist mindestens zu $f_A > 2 \cdot f_c + \frac{B}{2}$ gewählt werden, um Aliasing

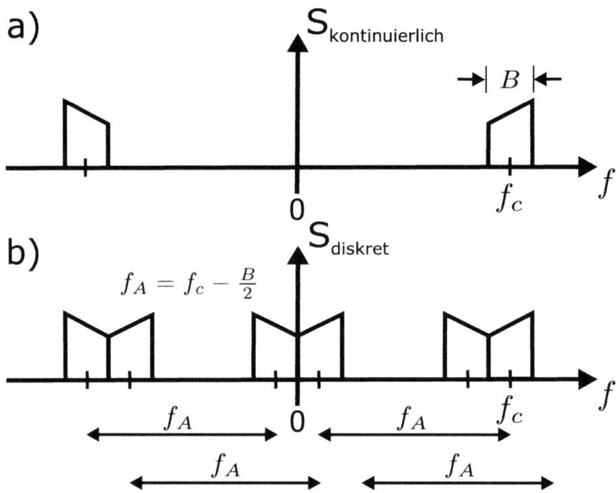

Abb. 5.1.: Unterabtastung eines analogen Bandpasssignals. a) Spektrum des zeitkontinuierlichen Signals, b) Spektrum des zeitdiskreten Signals nach Abtastung mit der Abtastfrequenz $f_A = f_c - \frac{B}{2}$

bei der Abtastung zu verhindern. Wird das Bandpasssignal jedoch als solches aufgefasst und vorausgesetzt, dass sich keine weiteren spektralen Anteile außerhalb des Signalbands mit der Bandbreite B befinden, wie es in Abbildung 5.1 dargestellt ist, kann eine deutlich geringere Abtastrate als bei einer Tiefpassinterpretation gewählt werden, ohne dass Aliasing auftritt. Bei der dargestellten Situation in Abbildung 5.1 wurde die Abtastfrequenz zu $f_A = f_c - \frac{B}{2}$ gewählt. Das analoge Bandpasssignal verschiebt sich nun bei der Abtastung um Vielfache der Abtastfrequenz f_A, so dass das Bandpasssignal mit der Mittenfrequenz f_c in das Basisband auf eine Frequenz von $\frac{B}{2}$ gespiegelt wird. Das originäre Bandpasssignal bei der Frequenz f_c bleibt nach der Abtastung erhalten. Hier zeigt sich der entscheidende Vorteil der Bandpassabtastung. Sie ermöglicht die Digitalisierung und Frequenzverschiebung des Bandpasssignals in einem Prozessschritt bei deutlich geringeren Abtastfrequenzen. Somit wird es möglich, durch die A/D-Wandlung, ein zeitkontinuierliches und moduliertes Bandpasssignal bei der Abtastung zu digitalisieren und gleichzeitig eine Demodulation ohne den zusätzlichen Aufwand eines Demodulators und Filters durchzuführen. Die Bedingung für die Abtastfrequenz ist hierbei, dass

$$f_A \geq 2\,B \tag{5.1}$$

gilt [64, 35], um keine Information des modulierten Nutzsignals zu verlieren. Diese Bedingung beinhaltet das Theorem von Nyquist und gibt somit die minimal wählbare Abtastfrequenz der Bandpassinformation vor. Diese untere Grenze zeigt, dass weitaus geringere Abtastfrequenzen bei der Interpretation als Bandpasssignal im Vergleich zu einer Tiefpassinterpretation möglich sind.

Dennoch können bei der Abtastung von Bandpasssignalen spektrale Überlappungen auftreten, so dass weitere Bedingungen bei der Wahl einer Abtastfrequenz zu berücksichtigen sind. Sofern r die Anzahl der Replikationen des Bandpasssignals mit der Bandbreite B innerhalb des Frequenzbereichs $[2f_c - B]$ angibt, darf die Abtastfrequenz nicht größer sein als

$$f_A \leq \frac{2f_c - B}{r}, \text{ und } r \in \mathbb{N}, \tag{5.2}$$

um die Überlappung von Spektralanteilen innerhalb des resultierenden Nyquistbandes zu verhindern [35, 64]. In Abbildung 5.1 ist r zu $r = 1$ gewählt. Bei dieser Wahl von r berühren sich das negative und positive Band bei 0 Hz. Würde die Abtastfrequenz größer gewählt, so käme es zur Überlappung der beiden Teilspektren und Aliasing wäre nicht mehr vermeidbar. Für eine Bandpassabtastung stellt (5.2) die obere Grenze der Abtastfrequenz dar.

Die Wahl der Abtastfrequenz ist allerdings auch nach unten hin beschränkt. Mit größer werdendem r werden die Abstände zwischen den einzelnen Spektren immer kleiner, bis ab einem bestimmten r sich einzelne Bandbereiche überlappen. Um dies zu verhindern, muss die Abtastfrequenz, abhängig von der Bandbreite B und für ein gegebenes r immer größer sein als

$$f_A \geq \frac{2f_c + B}{r + 1}, \text{ und } r \in \mathbb{N}, \tag{5.3}$$

um die Überlappung der Spektralanteile des Bandpasssignals zu vermeiden. Fasst man die Bedingungen aus (5.2) und (5.3) zusammen, so resultiert ein Bereich von gültigen Abtastfrequenzen

$$\frac{2f_c - B}{r} \geq f_A \geq \frac{2f_c + B}{r + 1}, \text{ und } r \in \mathbb{N} \tag{5.4}$$

für ein fest vorgegebenes r, bei der Bandbreite B [35]. Alle Abtastfrequenzen, welche die Bedingung in (5.4) erfüllen und für die $f_A \geq 2B$ gilt, sind bei Unterabtastung eines Bandpasssignals mit der Bandbreite B gültig, so dass keine Aliasing-Effekte bei den oben genannten Voraussetzungen auftreten.

r	$(2f_c - B/r)$	$(2f_c + B)/(r+1)$	**gültig**
1	30000 Hz	17000 Hz	ja
2	15000 Hz	11333 Hz	ja
3	10000 Hz	8500 Hz	ja
4	7500 Hz	6800 Hz	ja
5	6000 Hz	5666 Hz	ja
6	5000 Hz	4857 Hz	ja
7	4286 Hz	4250 Hz	ja
8	3750 Hz	3777 Hz	nein
9	3333 Hz	3400 Hz	nein
10	3000 Hz	3091 Hz	nein

Tab. 5.1.: Mögliche Abtastfrequenzen für die Bandbreite $B = 2000$ Hz und eine Mittenfrequenz von $f_c = 16000$ Hz; Die Gültigkeit der Abtastfrequenz, so dass kein Aliasing bei der Unterabtastung des Bandpasssignals auftritt, ist in der letzten Spalte vermerkt.

Legt man beispielsweise die Bandbreite zu $B = 2000$ Hz und die Mittenfrequenz des Bandpasssignals zu $f_c = 16kHz$ fest, so ergeben sich die möglichen Abtastfrequenzen nach Tabelle 5.1. In Tabelle 5.1 ist zu jedem r die maximale und minimale Abtastfrequenz berechnet. Bei der gegebenen Bandbreite B und Mittenfrequenz f_c ist zu erkennen, dass (5.4) ab $r = 8$ nicht mehr erfüllt wird und somit spektrale Überlappungen auftreten. Als Abtastfrequenz darf demnach nur eine Frequenz aus den Bereichen bis $r = 7$ gewählt werden. Die Wahl der richtigen Abtastfrequenz ist weiterhin abhängig vom Anwendungsfall und der Charakteristik des analogen Anti-Aliasing-Filters.

Eine weitere, nützliche Darstellungsform ist, die gültigen und ungültigen Abtastfrequenzen graphisch in einzelne Bereiche zu gliedern. Hierbei wird vorzugsweise eine normierte Form verwendet, bei der auf der Abszisse das Verhältnis R

$$R = \frac{\text{Höchste Signalfrequenz}}{\text{Bandbreite}} = \frac{f_c + B/2}{B} \qquad [5.5]$$

und auf der Ordinate die Abtastfrequenz f_A, normiert auf die Bandbreite B, aufgetragen ist. In Abbildung 5.2 ist diese Darstellungsform gewählt. Die Bereiche für gültige Abtastfrequenzen ergeben sich anhand von (5.4) und sind durch weiße Flächen gekennzeichnet. Die grau schraffierten Flächen sind Bereiche, in denen sich spektrale Anteile

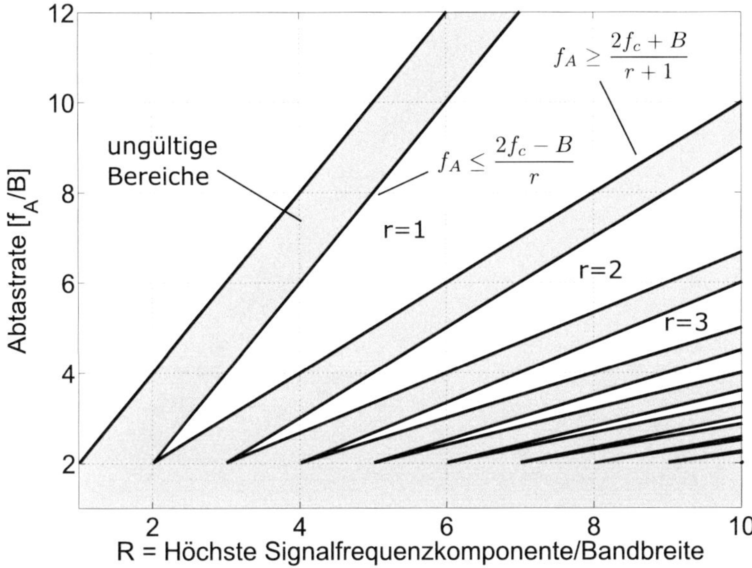

Abb. 5.2.: Graphische Darstellung der gültigen und ungültigen Abtastfrequenzen bei der Bandpassabtastung unter Verwendung von (5.4); Die ungültigen Bereiche, bei denen Aliasing auftritt, sind grau eingefärbt. Die oberen und unteren Grenzenbereiche sind jeweils durch (5.2) und (5.3) definiert.

bei Unterabtastung des Bandpasssignals überlappen, weshalb Abtastfrequenzen in diesem Bereich vermieden werden sollten. In Abbildung 5.3 ist das Verhältnis R, entsprechend dem Beispiel aus Tabelle 5.1, in das Diagramm eingezeichnet. Die Schnittpunkte der Senkrechten bei $R = 8,5$ geben für jeden Bereich von r die maximale und minimale Abtastfrequenz f_A an. Da die Senkrechte bei $R = 8,5$ nur Geraden bis $r = 7$ schneidet, sind Abtastfrequenzen ab $r > 7$ ungültig. Dies korrespondiert zu mit (5.4) und den Ergebnissen aus Tabelle 5.1.

Mit größer werdendem r werden die Bereiche für gültige Abtastfrequenzen immer kleiner. Theoretisch sind auch noch Abtastfrequenzen auf den Grenzflächen gültig, doch in der Praxis kann dieser Bereich durch Nichtidealitäten der Bandpassfilter, Systemtaktungenauigkeiten und Nichtidealitäten der A/D-Wandler unmöglich exakt gehalten werden. Um die richtige Wahl der Abtastfrequenz unter der Berücksichtigung von Nichtidealitäten sicherzustellen, wird die Abtastfrequenz in einem Sicherheitsabstand zu den

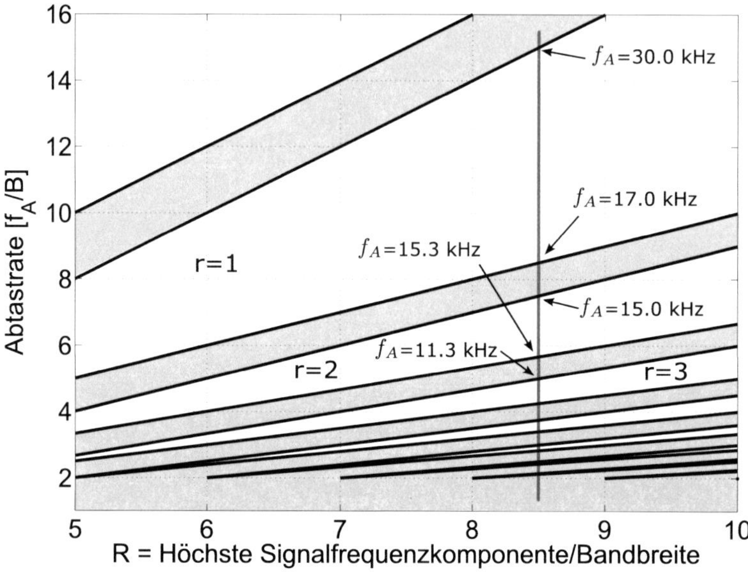

Abb. 5.3.: Die Senkrechte bei $R = \frac{17\,\text{kHz}}{2\,\text{kHz}} = 8,5$ schneidet alle Grenzbereiche zu gültigen Abtastfrequenzen bis zu einem Wert von $r = 7$.

grau schraffierten Gebieten gewählt. Somit ist bei entsprechendem Abstand zu den ungültigen Gebieten ein robuster Betrieb auch bei eventuellen Nichtidealitäten gewährleistet. In Abbildung 5.4 ist der in der Praxis gewählte Arbeitspunkt unter Berücksichtigung
nichtidealer Hardwarekomponenten dargestellt. Um sicherzustellen, dass die gewählte Abtastfrequenz nicht zu nahe an einer Grenzfläche zu ungültigen Abtastfrequenzen
liegt, kann die Abtastfrequenz zur Mitte zwischen zwei Grenzflächen gewählt werden.

$$f_{A,cntr} = \frac{1}{2} \cdot \left[\frac{2f_c - B}{r} + \frac{2f_c + B}{r+1} \right]. \tag{5.6}$$

Ein weitere in der digitalen Kommunikationstechnik verbreitete Lösung ist die Abtastfrequenz so zu wählen, dass

$$f_{A,iq} = \frac{4f_c}{(2r+1)} \tag{5.7}$$

gilt. Die einfachste Wahl der Abtastfrequenz wäre somit $f_{A,iq} = 4f_c$. Bei dieser Wahl
wird die Mittenfrequenz f_c genau auf $1/4 f_{A,iq}$ abgebildet und kann anschließend durch
eine sehr einfache Sequenz von $\cos(\pi n/2) = 1, 0, -1, 0,$ und $-\sin(\pi n/2) = 0, -1, 0, 1,$

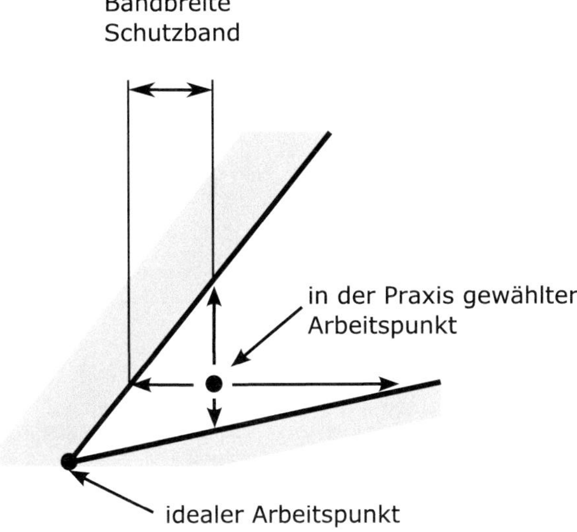

Abb. 5.4.: Abtastfrequenz unter Berücksichtigung eines Sicherheitsbandabstandes innerhalb eines gültigen Bereichs [35]

in das Basisband gefaltet werden. Dieses Verfahren wird in der Kommunikationstechnik als Quadratur-Abtastung [48, 10, 23] bezeichnet.

Ein weiterer Effekt, der bei Unterabtastung von Bandpasssignalen auftreten kann, ist die spektrale Inversion. Die spektrale Inversion tritt immer dann auf, wenn r eine ungerade natürliche Zahl ist. Sofern die spektralen Bandkomponenten symmetrisch zu der Mittenfrequenz f_c sind, ist die spektrale Inversion unkritisch. Ist jedoch ein einziges Seitenband vorhanden, ist die minimale Abtastrate zur Vermeidung spektraler Inversion durch

$$f_{A,si} = \frac{2f_c - B}{2r}, \text{ und } r \in \mathbb{N} \qquad [5.8]$$

definiert. Sofern die spektrale Inversion für eine entsprechende Anwendung keine Rolle spielt, kann die minimale Abtastfrequenz $f_{A,min}$, bei der kein Aliasing auftritt zu

$$f_{A,min} = \frac{2f_c + B}{R_{min}} \qquad [5.9]$$

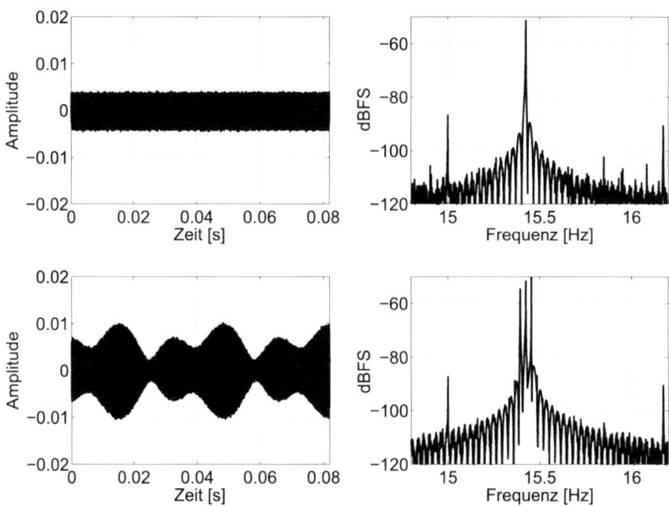

Abb. 5.5.: Gemessenes Ausgangssignal des C/U-Wandlers innerhalb des Detektionskreises mit dazugehörigem Spektrum (oben: keine externe Drehrate vorhanden; unten: externe sinusförmige Drehrate mit einer Frequenz von 25 Hz)

gewählt werden, wobei die maximale Anzahl der spektralen Replikationen des Bandpasssignals zwischen der negativen und positiven Mittenfrequenz mit

$$R_{min} \leq \frac{f_c + B/2}{B} < R_{min} + 1, \text{ und } R_{min} \in \mathbb{N} \tag{5.10}$$

gegeben ist.

5.2. Unterabtastung des Drehratendetektionssignals

Wie bereits in Kapitel 3 aufgezeigt, ist das Drehratensignal mit der Antriebsfrequenz moduliert. Dabei kann das modulierte Drehratensignal bei vollresonantem Betrieb idealisiert als Bandpasssignal mit der Mittenfrequenz $f_c = f_{0,x} = f_{Antr}$ und der Bandbreite B_D aufgefasst werden. In Abbildung 5.5 ist ein nach dem A/D-Wandler gemessenes Drehratendetektionssignal mit und ohne Erregung durch eine externe Drehrate dargestellt. Für die Übertragungsfunktion des Detektionspfades sei ferner angenommen, dass keine störenden spektralen Anteile außerhalb des Bandpasssignals bei Resonanz auftreten, die bei Unterabtastung in das Nutzband gefaltet werden könnten. Weiter muss bei

r	$(2f_{Antr} - B_D/r)$	$(2f_{Antr} + B_D)/(r+1)$
1	31950,0 Hz	16025,0 Hz
2	15975,0 Hz	10683,3 Hz
3	10650,0 Hz	8012,5 Hz
4	7987,8 Hz	6410,0 Hz
5	6390,0 Hz	5341,7 Hz
6	5325,0 Hz	4578,6 Hz
7	4564,3 Hz	4006,3 Hz
8	3993,8 Hz	3561,1 Hz
...	...	...
310	103,06 Hz	103,05 Hz

Tab. 5.2.: Mögliche Abtastfrequenzen des Drehratendetektionssignals für die Bandbreite $B_D = 50$ Hz und eine Mittenfrequenz $f_{Antr} = 16000$ Hz

der Unterabtastung des Drehratendetektionssignals die Bandbreite des Drehratensignals bei der Wahl der Abtastfrequenz berücksichtigt werden. Während bei der Unterabtastung des Antriebsdetektionssignals nur die Amplitudeninformation eines sinusförmigen Signals bei einer definierten Frequenz ausgewertet wurde, ist nun sicherzustellen, dass die Signale innerhalb der definierte Bandbreite B_D ohne Informationsverlust und mit möglichst geringer Störeinstreuung sicher detektiert werden. Um Aliasing zu vermeiden sind die Abtastfrequenzen entsprechend den Anforderungen des vorhergehenden Teilkapitels festzusetzen. Bei einer Resonanzfrequenz von $f_{Antr} = 16$ kHz und einer Bandbreite von $B_D = 50$ Hz ergeben sich gültige Abtastfrequenzen nach Tabelle 5.2.

Je größer der Parameter r gewählt wird, desto geringer ist der spektrale Abstand zwischen den einzelnen Replikationen. Theoretisch sind Abtastfrequenzen bis zu $r = 310$, was einer Frequenz von $f_A \approx 103$ Hz entspricht, möglich. Praktisch lassen sich jedoch derart niedrige Abtastfrequenzen nicht realisieren, da bei der Wahl einer gültigen Abtastfrequenz ein genügend großer Abstand zu den ungültigen Bereichen der Abtastfrequenzen einzuhalten ist, um Aliasing innerhalb des Drehratensignalbandes durch nichtideale Hardware zu vermeiden.

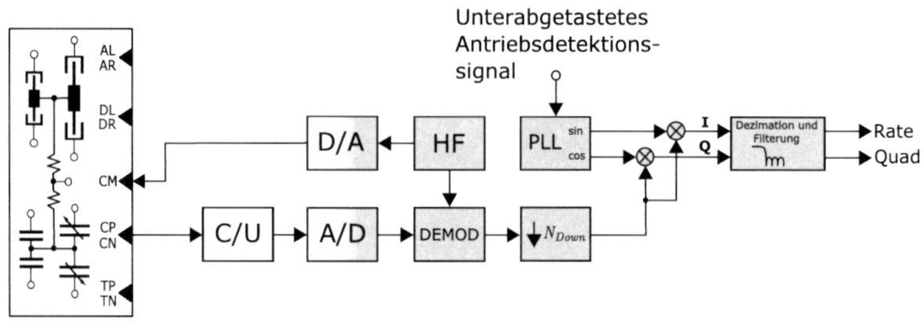

Abb. 5.6.: Systemrealisierung zur Verifikation der Unterabtastung des Drehratendetektionssignals

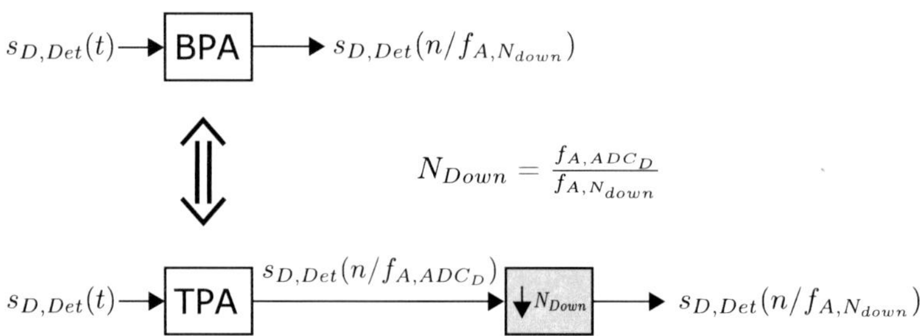

Abb. 5.7.: Die Tiefpassabtastung (TPA) mit hoher Abtastfrequenz f_{A,ADC_D}, gefolgt von der Dezimation N_{Down} ist äquivalent zu einer Bandpassabtastung (BPA) mit der Abtastfrequenz $f_{A,N_{down}}$.

5.3. Systemrealisierung

Die Systemrealisierung zur Unterabtastung des Drehratendetektionssignals ist ähnlich zu der des Antriebskreises und in Abbildung 5.6 dargestellt. Das Drehratendetektionssignal wird bei der C/U-Wandlung ebenfalls mit einem HF-Trägersignal moduliert. Auch innerhalb des Detektionskreises arbeitet der A/D-Wandler mit einer höheren Taktrate. Die Unterabtastung des Drehratendetektionssignals erfolgt durch den Downsampling-Baustein nach der Demodulation mit dem HF-Trägersignal. Hierbei wird die gewünschte Abtastfrequenz durch den Unterabtastungsfaktor N_{Down} festgelegt. Diese Vorgehensweise, dargestellt in Abbildung 5.7, ist die Dezimation eines hochfrequent abgetasteten Signals mit der Abtastfrequenz f_{A,ADC_D} nach der Tiefpassfilterung und ist äquivalent zu einer Bandpassabtastung mit der Abtastfrequenz $f_{A,N_{down}}$ [59].

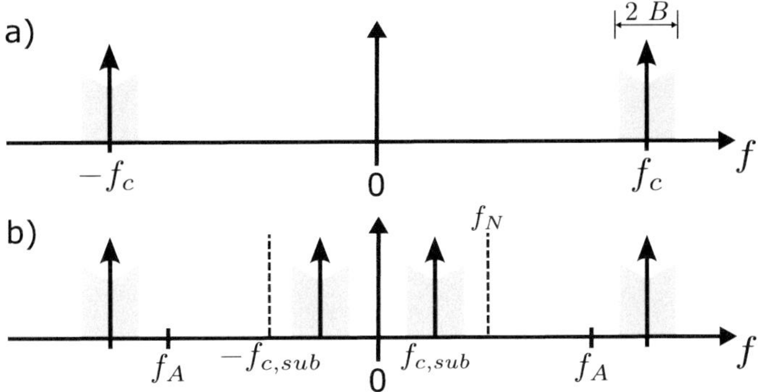

Abb. 5.8.: Spektrum bei Unterabtastung des Drehratendetektionssignals; a) Analoges Bandpasssignal mit der Mittenfrequenz f_c b) Resultierendes Spektrum nach Unterabtastung mit
der neuen Mittenfrequenz $f_{c,sub}$

Wird die Abtastfrequenz entsprechend (5.7) zu $f_A = \frac{4f_c}{(2r+1)}$ gewählt, ist es möglich,
das Bandpasssignal in das Basisband um die Frequenz 0 Hz zu transferieren und eine
Quadraturabtastung durch einfache Demodulation mit Sinus- und Cosinuswerten von
+1,-1,0, wie zuvor beschrieben, durchzuführen.

Bei der in dieser Arbeit vorgestellten Systemrealisierung zur Unterabtastung des Dreh-
atendetektionssignals wird die Mittenfrequenz des Drehratendetektionssignals in das
sich ergebende Nyquistband gefaltet. Die Position innerhalb des resultierenden Nyquistbandes ergibt sich durch den Unterabtastungsfaktor N_{Down}. Abbildung 5.8 stellt diese
Situation dar. Durch die Wahl der Abtastfrequenz unterhalb der Mittenfrequenz f_c des
analogen modulierten Drehratensignals wird dieses Bandpasssignal auf die neue Mittenfrequenz $f_{c,sub}$ abgebildet. Eine digitale PLL, welche sich auf die resultierende Mittenfrequenz $f_{c,sub}$ synchronisiert, ermöglicht die Erzeugung eines phasenrichtigen Demodulationsträgers. Eine weitere Möglichkeit, einen phasenrichtigen Demodulationsträger zu generieren, besteht darin, das Antriebsdetektionssignal mit dem identischen
Unterabtastungsfaktor wie das Drehratendetektionssignal abzutasten. Da bei der in Abbildung 5.6 dargestellten Systemrealisierung die Generierung des Antriebssignals innerhalb des FPGA durch einen DDS-Sinusgenerator erfolgt, kann diese Unterabtastung
auch innerhalb des digitalen Schaltungsteils erfolgen. Die abschließende Filterung erfolgt durch ein CIC-Ausgangsfilter mit FIR-Kompensationsfilter, welches die Abtastra-

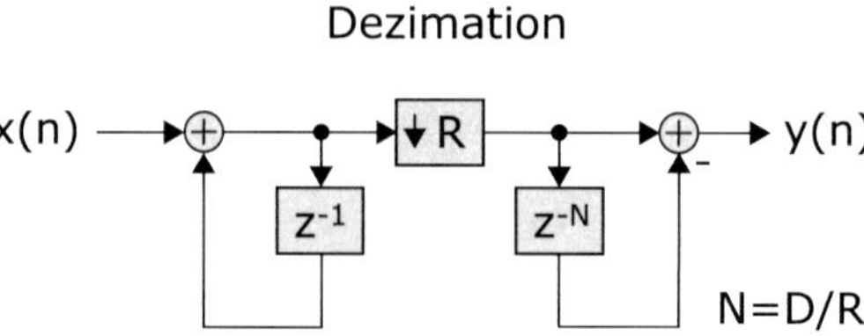

Abb. 5.9.: Einstufiges CIC-Dezimationsfilter mit Integrator- und Kammstufe zur Reduktion der Abtastrate um den Faktor R

te reduziert und die Bandbreite auf die gewünschte Ausgangsbandbreite B_D begrenzt. Durch die Verwendung des CIC-Kompensationsfilters wird der Amplitudengang bis zu der gewünschten Ausgangsbandbreite flach.

5.3.1. Ausgangsfilter

Ein sehr wichtiger Bestandteil der Signalverarbeitung des Drehratendetektionskreises ist das Ausgangsfilter. In ihm erfolgt die Festlegung der Ausgangsbandbreite B_D sowie die Dezimation des Signals von der internen hohen zu einer gewünschten Ausgangstaktrate. Die Realisierung des Ausgangsfilters erfolgt in dieser Arbeit mittels eines CIC (Cascaded Intergator Comb)- Filters. Das CIC-Filter gehört zu der Klasse der linearen Phasenfilter mit endlicher Impulsantwort. Dieses spezielle hardwareeffiziente FIR (Finite Impulse Response)-Filter ermöglicht Abtastratenreduktion (Dezimation) und Abtastratenerhöhung (Interpolation) ohne die Verwendung von Multiplizierern. In Abbildung 5.9 ist das Blockschaltbild eines einstufigen CIC-Dezimationsfilters dargestellt. Das CIC-Filter führt eine Abtastratenreduktion mit dem Faktor R durch, wobei die entstehenden Spiegelfrequenzen höherer Frequenzkomponenten durch die Filtercharakteristik des CIC-Filters gedämpft werden. Als Ausgangsfiltercharakteristik der Drehratensensorsignalverarbeitung ist ein Filter mit einem scharf begrenzten Durchlassbandbereich und einer hohen Sperrbanddämpfung erwünscht. Da das CIC-Filter selbst keinen Durchlassbandbereich konstanter Verstärkung besitzt, wird ein weiteres FIR-Filter nachgeschaltet, mit welchem sich die gewünschte Übertragungscharakterisik realisieren lässt. Die Übertragungsfunktion des CIC-Filters fällt zu höheren Frequenzen stark ab. Mittels des FIR-Filters, auch CIC-Kompensationsfilter genannt, kann der Amplitudenverlust kompensiert und ein flacher Amplitudengang bis zur gewünschten

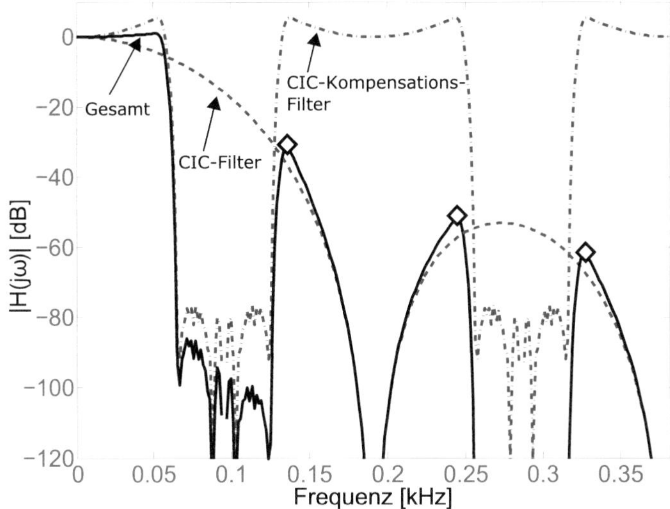

Abb. 5.10.: Übertragungsverhalten des CIC-Ausgangsfilters mit Kompensationsfilter; Die Abbildung stellt eine nichtideale Auslegung der Eckfrequenz des Kompensationsfilters dar. Innerhalb des Stoppbandbereichs kommt es zu Rauschspitzen, bedingt durch die Verstärkung des Kompensationsfilters.

Ausgangsbandbreite B_D realisiert werden. Um dies umzusetzen, besitzt das FIR-Filter eine zu dem CIC-Filter inverse Amplitudenübertragungsfunktion. In Abbildung 5.10 sind die Charakteristiken des CIC-Filters, des FIR-Kompensationsfilters und der resultierenden Gesamtübertragungsfunktion dargestellt. Bei der Auslegung des CIC-Filters ist darauf zu achten, dass die Eckfrequenz des Durchlassbereichs des Kompensationsfilters nicht zu nahe an einer Nullstelle des CIC-Filters liegt. Je näher die gewählte Eckfrequenz an einer Nullstelle des CIC-Filters liegt, desto stärker muss die Korrektur des CIC-Kompensationsfilters sein. Diese Korrektur verursacht eine Verstärkung des Rauschens innerhalb des Stoppbandes. In Abbildung 5.10 sind der Anstieg dieses Rauschens und die Entstehung von Spitzen (durch Rauten gekennzeichnet) zu sehen. Um diesen Effekt zu vermeiden, ist eine sorgfältige Auslegung des CIC-Filters mit FIR-Kompensationsfilter erforderlich.

Abbildung 5.11 zeigt den Durchlassbereich des Ausgangsfilters, welcher bis zu einer Eckfrequenz von 50 Hz gewählt wurde. Wie die Abbildung 5.11 zeigt, wird durch

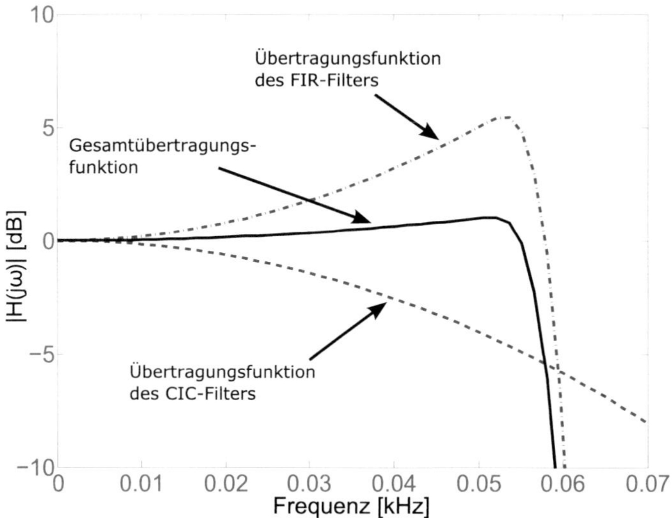

Abb. 5.11.: Die Kompensation der Übertragungsfunktion des CIC-Filters durch ein FIR-Filter ermöglicht die Realisierung eines flachen Übertragungsverhaltens bis hin zur Eckfrequenz des Ausgangsfilters.

das Kompensationsfilter innerhalb des Durchlassbereichs ein flacher Amplitudengang ermöglicht.

In Abbildung 5.12 sind Messungen des Drehratenausgangssignals für unterschiedliche Anwendungsfälle sowie deren Spektren aufgezeigt. Weiter ist der untere Rauschteppich des Quantisierungsrauschens,

$$SNR_q[dB] \approx (6,02 \cdot b + 1,76),\qquad [5.11]$$

bedingt durch die endliche Wortbreite, mit einer Quantisierung innerhalb des Ausgangsfilters von 24 bit, zu 146,24 dB zu erkennen. Der mikromechanische Drehratensensor ist hierbei auf einem Drehtisch mit einer sinusförmigen und rechteckförmigen externen Drehrate angeregt. Die Messdaten wurden mittels eines echtzeitfähigen USB-Interfaces während des Betriebs aus dem FPGA ausgelesen.

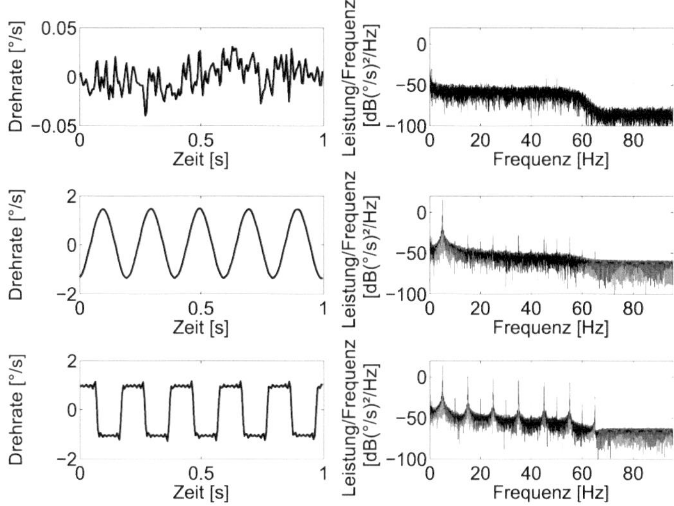

Abb. 5.12.: Drehratensignal und zugehöriges Leistungsdichtespektrum nach dem Ausgangsfilter; a) Ruhender Drehtisch, b) Anregung mit sinusförmiger Drehrate $1°/\text{s}$ effektiv, c) Anregung mit rechteckförmiger Drehrate $1°/\text{s}$ effektiv

5.4. Messergebnisse bei Unterabtastung des Drehratendetektionssignals

Die Messungen, welche in diesem Kapitel vorgestellt werden, fokussieren sich auf die Signalverarbeitung des Detektionskreises. Der Antrieb ist hierbei durch das in dieser Arbeit entwickelte neuartige Antriebskonzept unterabgetastet und mit dem vorgestellten Resonanzregler betrieben. Somit ist die Möglichkeit gegeben, das Gesamtsystemverhalten bei Unterabtastung des Antriebskreises und des Detektionskreises zu untersuchen.

5.4.1. Systemrealisierung zur Unterabtastung des Detektionskreises innerhalb des digitalen Schaltungsteils

Bei der Unterabtastung im Detektionskreis wird das gleiche Verfahren angewandt wie zuvor bei der neuartigen Antriebskreisregelung. Dies bedeutet, dass die Unterabtastung nicht mittels des A/D-Wandlers, sondern digital innerhalb des FPGA durch Dezimation realisiert wird. In Abbildung 5.13 ist das Blockschaltbild der Versuchsschaltung dargestellt. Die C/U-Wandlung erfolgt ebenfalls, wie bei der Antriebsdetektion trägerfrequent,

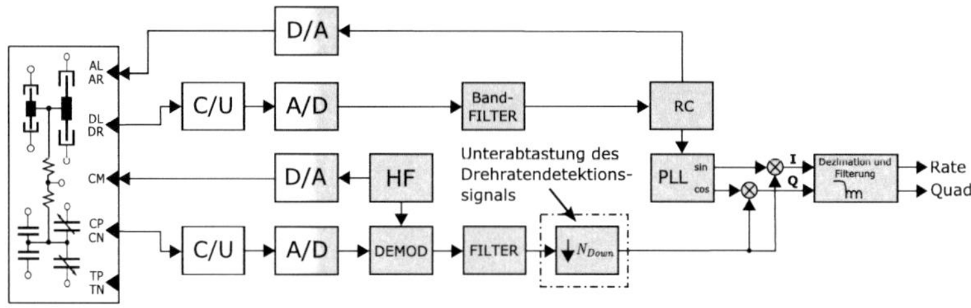

Abb. 5.13.: Messaufbau zur Verifikation der Unterabtastung des Drehratendetektionssignals; Die Unterabtastung des Drehratendetektionssignals erfolgt innerhalb des digitalen Schaltungsteils.

mit einer Trägerfrequenz von 340 kHz. Das Drehratendetektionssignal wird nach der C/U-Wandlung einer A/D-Wandlung mit einer Abtastrate von 3,125 MHz unterzogen. Nach dieser regulären Abtastung erfolgt die Demodulation des zweifach modulierten Drehratensignals mit anschließender Tiefpass- oder Bandpassfilterung. Daraufhin kann die eigentliche Unterabtastung des Drehratendetektionssignals innerhalb des digitalen Schaltungsteils erfolgen. Zu beachten ist hierbei, dass das Drehratendetektionssignal mit der Resonanzfrequenz $f_{x,0}$ bzw. der Antriebsfrequenz des Sensors f_{Antr} moduliert ist. Durch unterschiedliche Werte von N_{Down} kann die gewünschte Abtastrate des modulierten und als Bandpasssignal zu interpretierenden Drehratendetektionssignals erfolgen. Die reduzierte Abtastrate

$$f_{D,N_{Down}} = \frac{f_{ADC,D}}{N_{Down}} \qquad [5.12]$$

lässt sich sehr einfach durch die Wahl des ganzzahligen Werts N_{Down} über einen weiten Bereich festlegen. Da die hieraus resultierende Abtastfrequenz im Allgemeinen kein ganzzahliges Vielfaches der Sensorresonanzfrequenz ist [1], wird die Mittenfrequenz f_c auf eine Frequenz $f_{c,sub}$, innerhalb des sich ergebenden Nyquistbandes gefaltet. Die Aufgabe der digitalen PLL ist es, sich auf die Mittenfrequenz $f_{c,sub}$ des unterabgetasteten Drehratendetektionssignals phasenrichtig zu synchronisieren. Ist diese Synchronisierung erfolgt, kann die Drehrateninformation auf den Seitenbändern in das Basisband demoduliert werden. Die höheren Demodulationsprodukte werden durch das Ausgangsfilter herausgefiltert.

---

[1] Hierzu ist eine taktsynchrone Auswertung erforderlich, bei der die Taktfrequenz des Systems aus der Resonanzfrequenz des Sensors abgeleitet wird

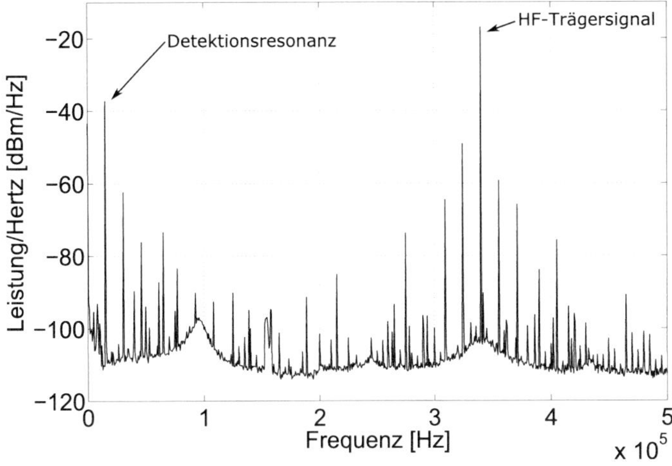

Abb. 5.14.: Spektrum des analogen Drehratendetektionssignals nach der trägerfrequenten C/U-Wandlung

5.4.2. Spektrale Betrachtung des Drehratendetektionssignals bei Unterabtastung

Abbildung 5.14 zeigt das Spektrum des analogen Drehratendetektionssignals nach der trägerfrequenten C/U-Wandlung. Das Spektrum zeigt die Resonanzmode zur Detektion von Drehratensignalen bei einer Frequenz von $14,424$ kHz sowie das Trägersignal zur trägerfrequenten C/U-Wandlung mit einer Frequenz von 340 kHz. Das Spektrum beinhaltet jedoch noch weitere Komponenten, bedingt durch höhere Resonanzmoden der Detektionssensorstruktur und elektrisches Übersprechen zwischen den Signalleitungen. Diese spektralen Störkomponenten können bei Unterabtastung des Drehratendetektionssignals störend auf das eigentliche Informationssignal wirken oder dieses durch Aliasing mit höheren Frequenzkomponenten unbrauchbar machen. Um dies zu verhindern, sollte das Bandpasssignal vor der Unterabtastung durch ein geeignetes Anti-Aliasing-Filter bandbegrenzt werden.

Diese Bandbegrenzung erfolgt in diesem System zur Verifikation der Unterabtastung des Drehratendetektionssignals nach der hochfrequenten Abtastung durch den A/D-Wandler. Durch ein digitales Filter wird das hochfrequent abgetastete Drehratendetektionssignal bandbegrenzt. In Abbildung 5.15 ist diese Bandbegrenzung, welche in einem

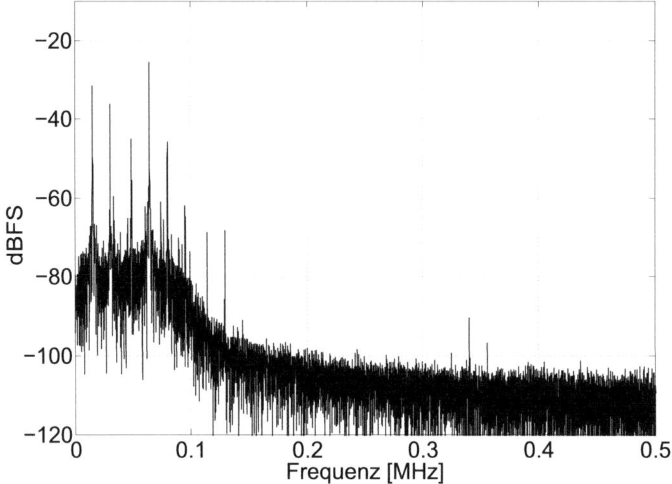

Abb. 5.15.: Durch einen digitalen Tiefpass mit einer Grenzfrequenz von 170 kHz bandbegrenztes Spektrum des Drehratendetektionssignals

realen System innerhalb des analogen Schaltungsbereichs erfolgen würde, durch ein digitales Tiefpassfilter mit einer Grenzfrequenz von 170 kHz dargestellt. Das bandbegrenzte Drehratendetektionssignal wird nun durch den zuvor genannten Dezimierungsbaustein mit dem Unterabtastungsfaktor N_{Down} unterabgetastet. Durch die Unterabtastung wird der relevante Drehratenbandbereich, entsprechend der gewählten Abtastfrequenz, in das resultierende Nyquistband verschoben. Die digitale PLL der Signalverarbeitung des Detektionskreises synchronisiert sich auf die Mittenfrequenz des unterabgetasteten Drehtatendetektionssignals $f_{c,sub}$ und das Drehratensignal kann durch Demodulation im Basisband erhalten werden. Die Spektren nach Unterabtastung für unterschiedliche Abtastfrequenzen $f_{D,N_{Down}}$ sind in Abbildung 5.16 dargestellt.

5.4.3. Rauschmessung bei Unterabtastung des Drehratendetektionssignals

Da die Unterabtastung innerhalb des digitalen Schaltungsteils des FPGA erfolgt, hat die Filterung bei der Demodulation mit der Trägerfrequenz Einfluss auf das Ausgangsrauschspektrum. Die Eckfrequenz des Tiefpassfilters bei der Demodulation begrenzt die

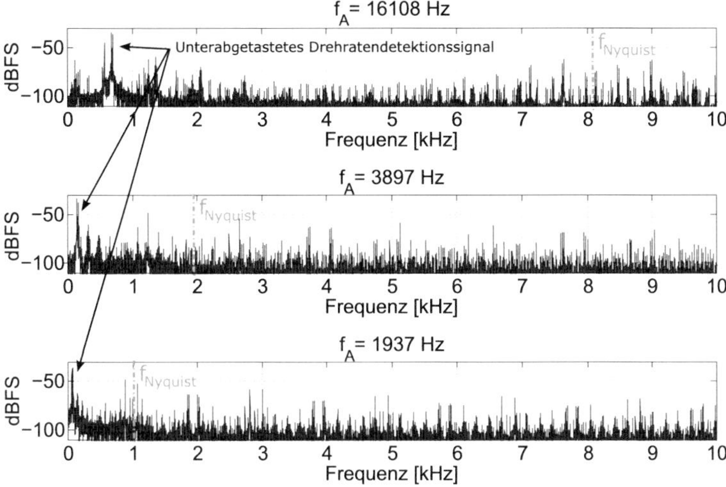

Abb. 5.16.: Digitales Spektrum des Drehratendetektionssignals nach digitaler Unterabtastung mit unterschiedlichen Abtastraten

effektive Bandbreite des Rauschspektrums und damit den Rauschanteil, der bei Unterabtastung in das Basisband gefaltet wird. In Abbildung 5.17 ist die Begrenzung des Ausgangsrauschens bei Verwendung unterschiedlicher Filtercharakteristiken dargestellt. Die Sperrfrequenz des Tiefpassfilters wurde mit einer Dämpfung von 80 dB zu den Werten $f_{stop} = 340\,\text{kHz}$, $f_{stop} = 170\,\text{kHz}$ und $f_{stop} = 80\,\text{kHz}$ variiert. Diese digitale Filterung nach der Demodulation mit der HF-Trägerfrequenz entspricht in einem unterabgetasteten System, innerhalb dessen die Unterabtastung direkt bei der A/D-Wandlung erfolgt, einer analogen Antialiasingfilterung. Diese Vorfilterung erweist sich wie erwartet als eine sehr effiziente und teilweise notwendige Methode, um die Rauschfaltung zu minimieren sowie die Faltung von Störspektren in das Nutzband zu verhindern. In Abbildung 5.18 ist der Effektivwert des Rauschens in Abhängigkeit von der Abtastrate und von unterschiedlichen Grenzfrequenzen der Tiefpassfilter dargestellt. Die Messergebnisse in Abbildung 5.18 zeigen, dass mit geringerer Grenzfrequenz des Tiefpassfilters auch das effektive Rauschen innerhalb des Drehratenkanals reduziert wird. Durch geeignete Wahl eines Antialiasing-Filters lassen sich trotz der stark reduzierten Abtastrate gute Ergebnisse für das Ausgangsrauschen des Drehratensignals erzielen. Für die Auslegung

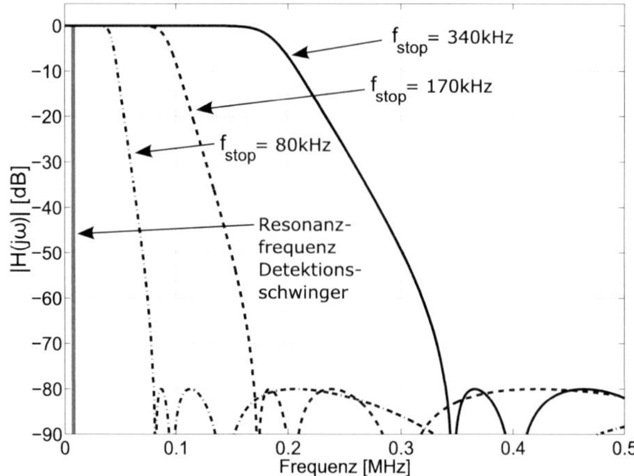

Abb. 5.17.: Unterschiedliche Realisierungen des Tiefpassfilters zur Demodulation des HF-Trägersignals begrenzen durch ihre Eckfrequenz das Rauschspektrum bei Unterabtastung.

der Signalverarbeitung des Detektionskreises ist hierbei ein akzeptabler Kompromiss zwischen dem Ausgangsrauschen des Drehratensignals und der minimalen Abtastrate zu wählen. Weiterhin müssen bei der Auslegung des Anti-Aliasingfilters eventuelle Störspektren berücksichtigt werden, die bei einer Unterabtastung in das Nutzsignalband gefaltet werden könnten und so die Signalqualität erheblich beeinflussen würden. In Abbildung 5.18 ist diese Situation mit $*$) gekennzeichnet und bei einer Abtastrate von $16,34$ kHz bis zu einer unteren Grenzfrequenz des Tiefpassfilters von 170 kHz aufgetreten.

Die Messergebnisse zur Unterabtastung des Detektionskreises zeigen, dass die Abtastrate des A/D-Wandlers deutlich reduziert werden kann und dennoch effektive Rauschwerte des Drehratenausgangssignals von unter $0,3°/s$ erzielt werden können. Bei dem Entwurf eines solchen Systems sind jedoch die Abtastfrequenz und das dazugehörige Antialiasing-Filter sorgfältig auszulegen, um eine hohe Zuverlässigkeit des Gesamtsystems zu gewährleisten. Der Systemansatz zur Unterabtastung erweist sich somit als tragfähiges Konzept zur Reduktion der Abtastrate der A/D-Wandler. In Verbindung mit einem Power-Down der analogen Elektronik kann der Systemansatz weiter zur Reduktion

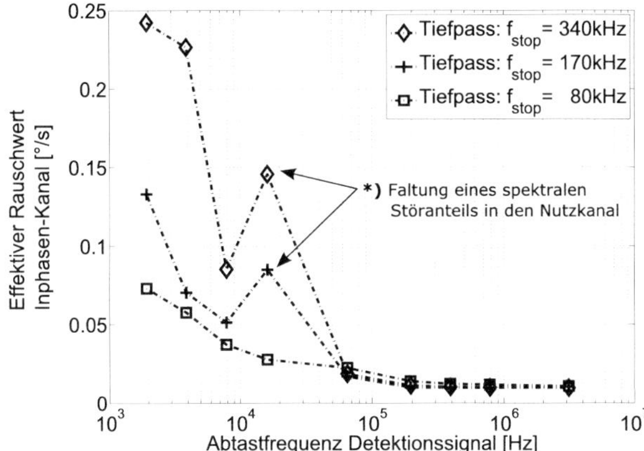

Abb. 5.18.: Gemessene Effektivwerte des Rauschens innerhalb des Inphasen-Drehratenkanals mit kompensiertem CIC-Ausgangsfilter bei einer Ausgangsbandbreite von $B = 50$ Hz

der Leistungsaufnahme bei der Signalverarbeitung des Detektionskreises für kapazitive mikromechanische Drehratensensoren beitragen.

6. Reduktion von Leistungsaufnahme und Rauschverhalten bei Unterabtastung

In diesem Kapitel wird anhand einer integrierten Vorverstärkerschaltung, die Leistungs-einsparung durch das in dieser Arbeit vorgestellte Konzept zur Unterabtastung in Verbindung mit einem Power-Down [46, 49] der Vorverstärkungselektronik mit Messergebnissen nachgewiesen. Die integrierte Vorverstärkerschaltung besteht aus einem zeitdiskreten C/U-Wandler, jeweils für den Antriebs- und Detektionspfad der Sensorsignalauswertung. Weiterhin wird eine neuartige Methode zur Reduktion der Rauschfaltung in das resultierende Nyquistband bei Unterabtastung diskutiert.

6.1. Power-Down Betrieb mit integrierter Vorverstärkerschaltung

In Abbildung 6.1 ist das Blockschaltbild des Versuchsaufbaus zum Nachweis der Leistungsreduktion durch Power-Down der C/U-Wandler innerhalb des Antriebs- und Detektionskreises dargestellt. Der Auswertechip, welcher die integrierte Vorverstärkerschaltung für kapazitive mikromechanische Sensoren enthält, ist eine Eigenentwicklung der Robert Bosch GmbH.

Die Ansteuerung des Chips erfolgt über eine separat in dieser Arbeit entwickelte Sensorplatine, welche es ermöglicht, diesen durch Ausgangssignale des FPGA anzusteuern. Die Ansteuerung der Antriebsstruktur des MEMS-Drehratensensors erfolgt ebenfalls durch den FPGA in Verbindung mit dem CIEB. Abbildung 6.2 zeigt die Sensorplatine mit Auswertechip und MEMS-Drehratensensor. Der Auswertechip arbeitet mit einer internen Taktrate von 20 MHz. Die Stromaufnahme bei permanenter Leistungszufuhr beträgt ca. 22 mA. Da dieser Chip nicht für die Unterabtastung und ein Power-Down der Vorverstärkungselektronik im laufenden Betrieb entwickelt worden ist, musste die Signalverarbeitung zur Ansteuerung des Chips modifiziert werden, um die Leistungsersparnis nachweisen zu können. Das Power-Down der Vorverstärkungselektronik des Auswerte-Chips beinhaltet die Operationsverstärker für die C/U-Wandlung

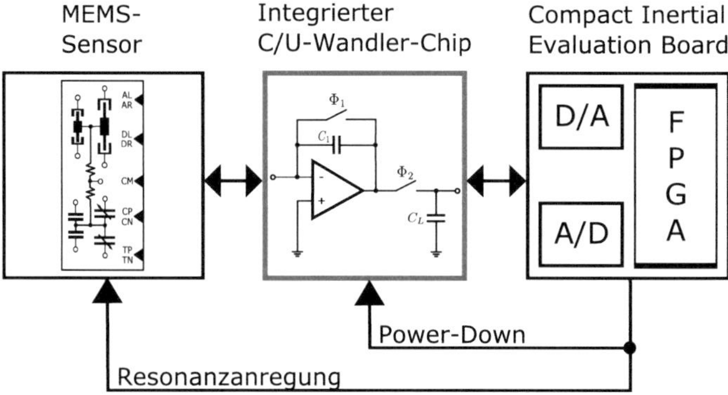

Abb. 6.1.: Ansteuerung des integrierten C/U-Wandlers mit Power-Down durch das CIEB

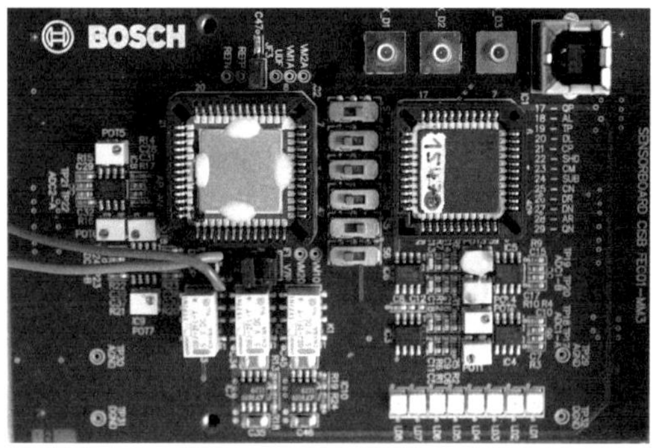

Abb. 6.2.: Sensorplatine mit MEMS-Drehratensensor (rechts CLCC44-Gehäuse) und integrierter
Vorverstärkerschaltung (links CLCC52-Gehäuse)

$Nr.$	f_{static}	f_A	f_{sub}	**Duty-Cycle**
1	$4,27\,\mathrm{kHz}$	$2,14\,\mathrm{kHz}$	$527,8\,\mathrm{Hz}$	50,0%
2	$4,27\,\mathrm{kHz}$	$1,42\,\mathrm{kHz}$	$183,0\,\mathrm{Hz}$	33,3%
3	$4,27\,\mathrm{kHz}$	$0,85\,\mathrm{kHz}$	$101,2\,\mathrm{Hz}$	20,0%
4	$4,27\,\mathrm{kHz}$	$0,53\,\mathrm{kHz}$	$85,8\,\mathrm{Hz}$	12,5%
5	$4,27\,\mathrm{kHz}$	$0,39\,\mathrm{kHz}$	$57,1\,\mathrm{Hz}$	9,1%
6	$4,27\,\mathrm{kHz}$	$0,33\,\mathrm{kHz}$	$32,5\,\mathrm{Hz}$	7,7%
7	$4,27\,\mathrm{kHz}$	$0,27\,\mathrm{kHz}$	$8,6\,\mathrm{Hz}$	6,3%
8	$4,27\,\mathrm{kHz}$	$0,18\,\mathrm{kHz}$	$8,6\,\mathrm{Hz}$	4,2%
9	$4,27\,\mathrm{kHz}$	$0,15\,\mathrm{kHz}$	$9,8\,\mathrm{Hz}$	3,5%
10	$4,27\,\mathrm{kHz}$	$0,09\,\mathrm{kHz}$	$8,6\,\mathrm{Hz}$	2,1%

Tab. 6.1.: Messreihe zur Messung der Gesamtstromaufnahme des integrierten Vorverstärker-Chips mit Power-Down bei unterschiedlichen Abtastraten der C/U-Wandler

der Antriebs- und Drehratendetektion. Ein Power-Down bedeutet hierbei, dass der Biasstrom der Transimpedanzverstärker der C/U-Wandler von $20\,\mu\mathrm{A}$ auf $5\,\mu\mathrm{A}$ abgesenkt wird. Diese Reduktion des Biasstroms reduziert die Gesamtstromaufnahme der jeweiligen Operationsverstärker und ermöglicht so eine signifikante Leistungseinsparung. Die maximale Abtastfrequenz bei Unterabtastung richtet sich hierbei nach der Schreib- und Lesegeschwindigkeit, der Register des integrierten Vorverstärker-Chips. Diese Register müssen zur Laufzeit geändert werden, um die Eingangsstufen zur Antriebs- und Drehratendetektion nach der Abtastung in den Power-Down-Modus zu überführen. Für die integrierte Vorverstärkerschaltung beträgt die Übertragungsfrequenz zur Kommunikation mit dem internen Register der Vorverstärkerschaltung $f_{static} = 4,27\,\mathrm{kHz}$. Tabelle 6.1 gibt die Daten der Konfiguration zu der im Folgenden präsentierten Messreihe wieder. Durch unterschiedliche Wahl der Abtastfrequenz f_A, welche geringer als die zuvor genannte Zugriffsfrequenz f_{static} des internen Registers sein muss, resultieren verschiedene Duty-Cycles. Der Duty-Cycle τ ergibt sich hierbei anhand des Tastverhältnisses f_A/f_{static}.

In Abbildung 6.3 und 6.4 sind die Stromaufnahme des integrierten Vorverstärker-Chips und das abgetastete Antriebsdetektionssignal dargestellt. Die C/U-Wandler des

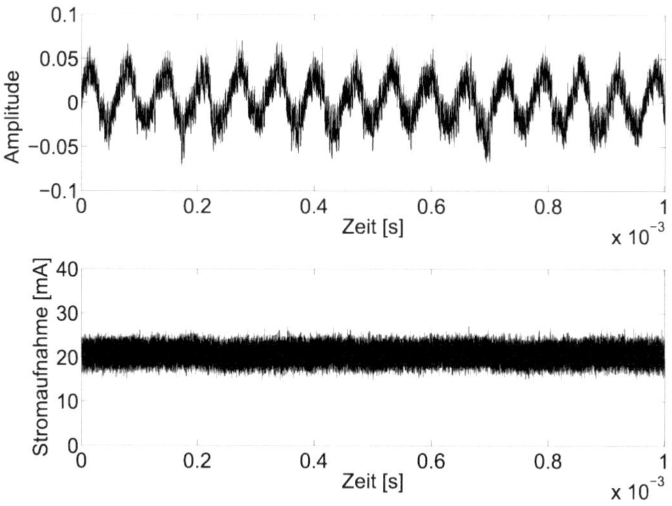

Abb. 6.3.: Stromaufnahme der integrierten Vorverstärkerschaltung bei normaler Abtastung des Antriebsdetektionssignals mit $f_A = 520$ kHz und ohne Power-Down

Antriebskreises sind hierbei mit einer Abtastrate von 520 kHz und bei Unterabtastung mit einer reduzierten Abtastrate von 388 Hz, entsprechend $Nr.5$ in Tabelle 6.1, getaktet. Die Messung der Stromaufnahme des integrierten Vorverstärker-Chips erfolgt über einen Shunt-Widerstand bei einer digitalen Versorgungsspannung von $U_{DD} = 3,3$ V. Bei der Messung in Abbildung 6.4 ist deutlich zu erkennen, dass die effektive Stromaufnahme des Chips bei Unterabtastung und Power-Down signifikant reduziert werden kann.

Die Reduktion des Gesamtstrombedarfs der integrierten Vorverstärkerschaltung ist in Abbildung 6.6 dargestellt. Wird zusätzlich zu dem C/U-Wandler des Antriebskreises auch der C/U-Wandler des Detektionskreises mit einem Power-Down versehen, so ergibt sich eine Reduktion des Gesamtstrombedarfs von 22 mA auf 14 mA. Diese deutliche Reduktion der Gesamtstromaufnahme des integrierten Vorverstärkungschips durch Power-Down der Operationsverstärker des Antriebes und der Drehratendetektion zeigt das hohe Potential der energieeffizienten Vorverstärkungselektronik durch Unterabtastung. Wird das Power-Down bei Unterabtastung nicht nur auf die C/U-Wandler zur Antriebs- und Drehratendetektion beschränkt, sondern auf die gesamte Vorverstärkungs-

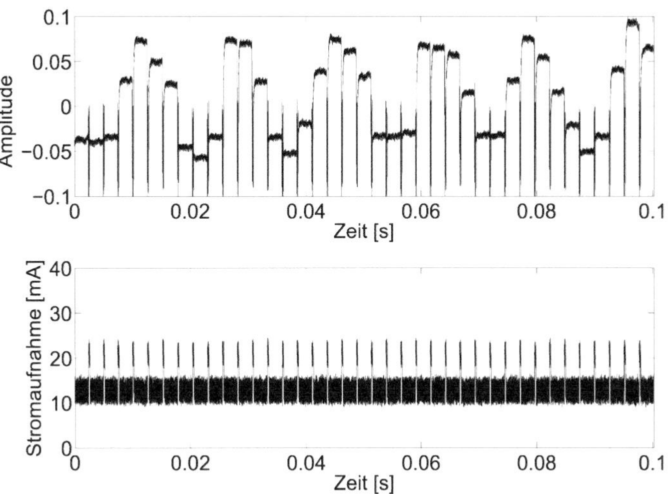

Abb. 6.4.: Stromaufnahme der integrierten Vorverstärkerschaltung bei Unterabtastung des Antriebsdetektionssignals mit $f_A = 388\,\text{Hz}$ und Power-Down des C/U-Wandlers des Antriebskreises

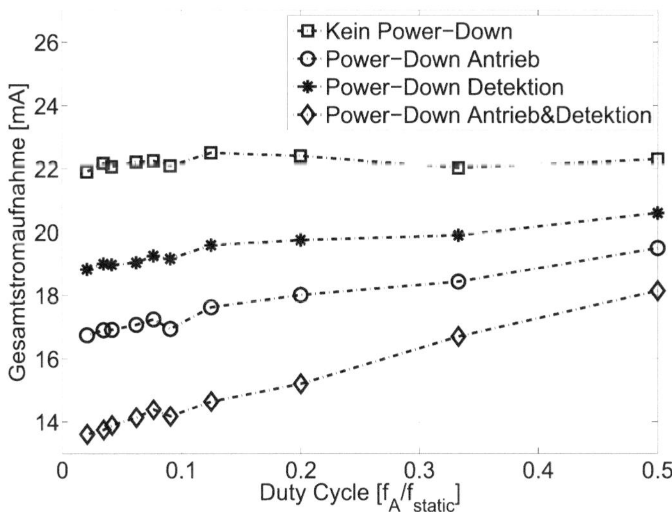

Abb. 6.5.: Gesamtstromaufnahme der integrierten Vorverstärkerschaltung bei fest vorgegebener Abtastrate und resultierendem Duty-Cycle nach Tabelle 6.1.

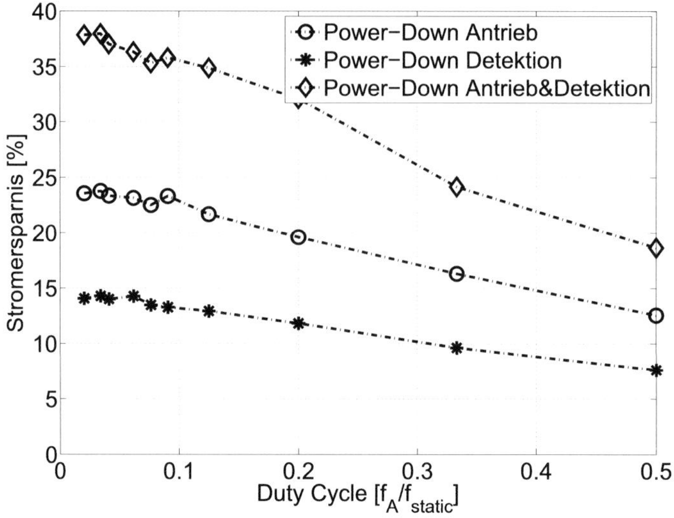

Abb. 6.6.: Resultierende Stromersparnis in Bezug auf den Gesamtstrombedarf

elektronik angewandt, lässt sich eine weitere signifikante Reduktion des Gesamtleistungsbedarfs erzielen.

6.2. Rauschverhalten bei Unterabtastung

In einem Abtastsystem setzt sich das Ausgangsrauschen hauptsächlich aus zwei Komponenten zusammen. Die erste Komponente beinhaltet das Rauschen der Signalquelle, welches bei der Abtastung geformt wird und die zweite Komponente entsteht aufgrund des Rauscheintrags durch das abtastende System selbst.

In dem Abtastsystem nach Abbildung 6.7 ist bekannt, dass sich das thermische Rauschen am Ausgang der Schaltung mit einer absoluten Rauschleistung von kT/C, durch den Einschaltwiderstand des schaltenden Transistors erhöht. Das Rauschsignal wird hierbei beim Ausschaltvorgang des Transistors auf der Kapazität C zusammen mit dem Eingangssignal gespeichert. Der Einschaltwiderstand R_{ein} und die Kapazität C bilden hierbei ein Tiefpassfilter mit

$$H(f) = \frac{1}{1 + j2\pi f R_{ein} C} \qquad [6.1]$$

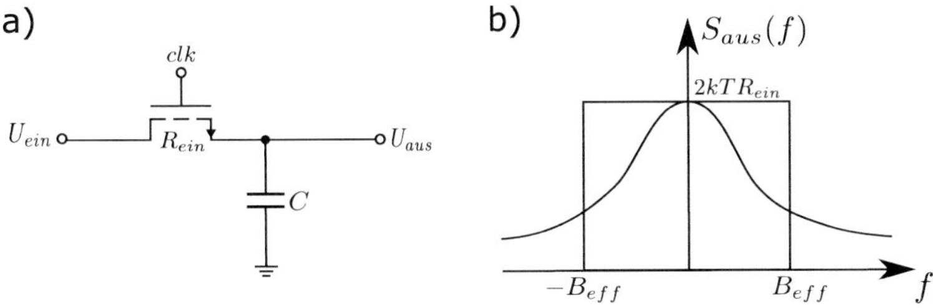

Abb. 6.7.: a) System zur Abtastung in Switched Capacitor (SC)-Technologie, b) Modell der effektiven Rauschbandbreite eines Tiefpasses

als Übertragungsfunktion [58]. Die spektrale Rauschleistungsdichte bedingt durch den Widerstand R_{ein} beträgt

$$S_{ein}(f) = 2kTR_{ein}, \qquad [6.2]$$

wobei k die Boltzmann-Konstante und T die absolute Temperatur bezeichnet. Die gesamte Rauschleistungsdichte am Ausgang des linearen zeitinvarianten Systems ergibt sich damit zu

$$S_{aus}(f) = S_{ein}\,|H(f)|^2 = 2kTR_{ein}\frac{1}{1+4\pi^2 f^2 R_{ein}^2 C^2}. \qquad [6.3]$$

Durch Integration über den gesamten Frequenzbereich ergibt sich die absolute Rauschausgangsleistung zu

$$P_{aus} = \int_{-\infty}^{\infty} S_{aus}(f)df = \frac{kT}{C}. \qquad [6.4]$$

Um diesen Sachverhalt zu vereinfachen, kann mit einer effektiven Rauschbandbreite von

$$B_{eff} = \frac{1}{4R_{ein}C} = \frac{\pi}{2}f_{3dB} \qquad [6.5]$$

als Modell, wie in Abbildung 6.7 dargestellt, gerechnet werden. Die absolute Rauschleistung ist hierbei unabhängig von dem Widerstand R_{ein}. Dies ist darauf zurückzuführen, dass ein größerer Widerstand R_{ein} zwar zu einer erhöhten Rauschleistung führt, diese jedoch durch eine geringere effektive Rauschbandbreite des Systems zu

$$P_{aus} = 2kTR_{ein} \cdot 2B_{eff} = \frac{kT}{C} \qquad [6.6]$$

limitiert wird [51]. Wie (6.5) aufzeigt, ist die effektive Rauschbandbreite abhängig von R_{ein} und C und üblicherweise deutlich größer als die maximale Frequenz des Eingangssignals. Für die folgende Betrachtung wird davon ausgegangen, dass das kT/C-Rauschen neben dem Breitbandrauschen und dem 1/f-Rauschen der Operationsverstärker die dominante Rauschquelle des dargestellten Abtastsystems in SC-Technologie ist.

Wird die Bandpassabtastung einem Tiefpasssystem, bestehend aus idealem Mischer gefolgt von einem Tiefpassfilter, gegenübergestellt, so ist die Verschlechterung des SNR durch Rauschfaltung in das resultierende Nyquistband $[-f_A/2, f_A/2]$ bei der Bandpassabtastung mit

$$SNR_{deg}[dB] \approx 10\,log_{10}\frac{2B_{eff}}{f_A} \qquad [6.7]$$

gegeben [60]. In praktischen Anwendungen wird deshalb dem abtastenden System ein Antialiasing-Filter, bestehend aus einem analogen Tiefpass- oder Bandpassfilter, vorangestellt, um das Rauschen außerhalb des Signalbandes zu reduzieren.

Neben dem Rauscheintrag durch Aliasing sind zusätzliche Fehler, welche eine ideale Abtastung beeinflussen, zu beachten [26]. Hierzu gehört das Quantisierungsrauschen, bedingt durch eine endliche Anzahl von Bits der diskretisierten Werte. Damit ergibt sich ein SNR für das Quantisierungsrauschen [27] von

$$SNR_{qnt}[dB] = 10\,log_{10}2^{2N} \cdot 1,5 \approx 6,02 \cdot N + 1,76 \qquad [6.8]$$

unter der Annahme eines gleichverteilten Quantisierungsfehlers. Weiterhin bewirken zeitliche Abtastfehler (Jitter) eine Abweichung von der äquidistanten Abtastung. Durch diese Jitter-Fehler kommt es zu einer Verfälschung des ursprünglichen Signals, welche sich durch den Signal-Rauschabstand von

$$SNR_{jit}[dB] = 10\,log_{10}\frac{2}{(2\pi f_g \sigma_\tau)^2} \qquad [6.9]$$

bei einer zeitlichen Fehlervarianz von σ_τ^2 abbilden lässt.

6.3. Reduktion der Rauschfaltung durch gesteuerten Transkonduktanzverstärker

Neben etablierten Methoden zur Reduktion des kT/C- und $1/f$-Rauschens wie die korrelierte Zweifachabtastung sind zur Unterdrückung der Rauschfaltung bei Unterabtastung weitere Maßnahmen erforderlich. Um die Rauschfaltung bei Abtastung zu vermeiden, muss die Abtasfrequenz f_A zu $f_A \geq 2B_{eff}$ gewählt werden. Diese Wahl der Abtastfrequenz ist bei der Unterabtastung eines Bandpasssignals jedoch nicht gegeben, da

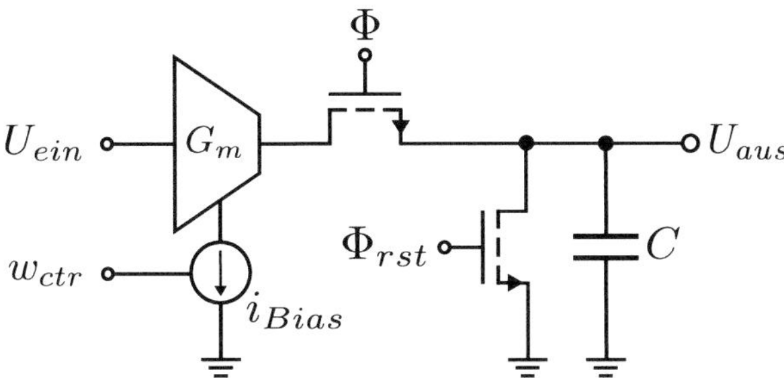

Abb. 6.8.: Gesteuerter Transkonduktanzverstärker zur Reduktion der Rauschleistung bei Unterabtastung

$f_A < B_{eff}$ gilt. Somit lässt sich die Rauschfaltung des thermischen Breitbandrauschens in das Nyquistband nicht vermeiden. Es gibt jedoch spezielle Implementierungen von Abtastsystemen, mit welchen es möglich ist, einen Teil dieses thermischen Breitbandrauschens bei der Abtastung zu unterdrücken.

Hierzu gehören abtastende Systeme, basierend auf Ladungs-/ Stromintegration sowie basierend auf Spannungsabtastung mit integrierter FIR- bzw. IIR-Filterung [22, 13, 8, 32]. Während die Übertragungsfunktion bei der Spannungsabtastung einem Tiefpassfilter 1. Ordnung entspricht, ist diese bei der Ladungs-/ Stromintegration eine $\sin(x)/x$-Funktion. Somit besitzt im Vergleich zu der Spannungsabtastung nach Abbildung 6.7 die Abtastung durch Ladungsintegration den Vorteil, dass die unterschiedlichen Nyquistbänder bei der Abtastung mit dieser $\sin(x)/x$-Funktion gewichtet werden. Durch die Formung des Rauschens bei der Abtastung wird ein verbesserter Signal-Rauschabstand am Ausgang des abtastenden Systems erzielt.

Ein weiterer Ansatz zur Rauschunterdrückung ist es, den Eingangsstrom $i_{ein}(t)$ mit einer Fensterfunktion $w(t)$ zu gewichten. Durch diese Gewichtung des Eingangsstromes kann eine lineare Filterfunktion realisiert werden, so dass sich die Spannung u_{aus} nach der Abtastung zu

$$u_{aus} = \int_{t_0}^{t_1} i_{ein}(t) \cdot w(t) dt \qquad [6.10]$$

ergibt. Die gewichtete Fensterfunktion kann hierbei durch einen gesteuerten Transkonduktanzverstärker realisiert werden. Das schematische Blockschaltbild dieses Abtastsystems mit Filterfunktion ist in Abbildung 6.8 dargestellt. Wird der Biasstrom i_{Bias}

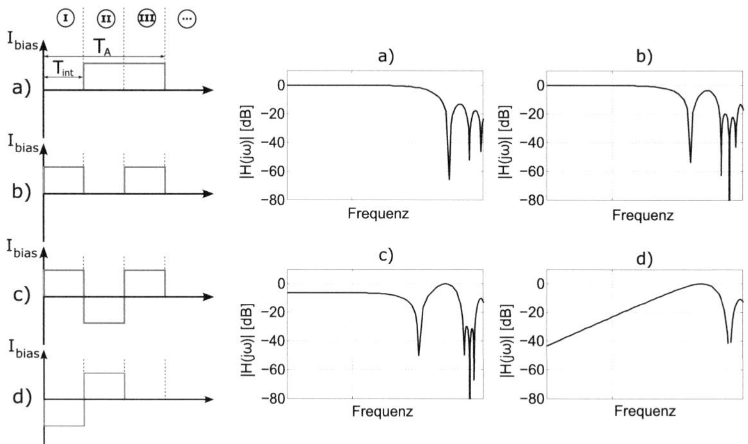

Abb. 6.9.: Resultierende Filterfunktion bei Abtastung mit gesteuertem Transkonduktanzverstärker und unterteilten Abtastintervallen

des Transkonduktanzverstärkers nicht konstant gehalten, sondern innerhalb des Zeit-
intervalls zur Stromintegration mit der Fensterfunktion $w(t)$ gewichtet, so lassen sich
hierdurch unterschiedliche Filtercharakteristiken abbilden. In Abbildung 6.9 sind Simulationsergebnisse resultierender Filterfunktionen in Abhängigkeit von der gewichteten
Fensterfunktion dargestellt. Das Abtastintervall ist hierbei in drei Teilbereiche unter-
gliedert. Als Fensterfunktion wurde ein Rechteckfenster zugrunde gelegt. Die Simulationsergebnisse zeigen, dass sich die Charakteristik der Filterfunktion beträchtlich mit der
Gewichtung der einzelnen Abtastintervalle unterscheidet und so das Potential bietet, den
Einfluss der Rauschfaltung bei Unterabtastung zu minimieren. Dieser vielversprechende
Ansatz ist als alternative Lösungsmöglichkeit zur Rauschunterdrückung bei Unterabtastung in dieser Arbeit entstanden und bedarf weiterer Studien zur Bewertung.

7. Zusammenfassung und Ausblick

Ziel dieser Arbeit war es, den Gesamtleistungsbedarf kapazitiver mikromechanischer Drehratensensoren, für den Einsatz bevorzugt in mobilen, aber auch fahrzeugtechnischen Anwendungen, zu minimieren. Um dieses Ziel zu erreichen, wurde ein Ansatz auf Systemebene gewählt. Durch eine intelligente Logik innerhalb des digitalen Schaltungsteils, in Verbindung mit einer Reduktion der Abtastrate zur Sensorsignaldetektion, konnte eine Leistungsminimierung der analogen Vorverstärkerschaltung erzielt werden.

Dazu wurde zunächst eine modulare Hardwareplattform entwickelt, welche die Fähigkeit besitzt, die unterschiedlichen Systemansätze zu verifizieren. Die Plattform besteht aus drei Teilmodulen, deren Hauptbestandteil ein FPGA-Modul ist, welches eine hohe Flexibilität bezüglich der digitalen Signalverarbeitung bietet. Durch den modularen und kompakten Aufbau stellt das sogenannte CIEB (Compact Inertial Evaluation Board) eine zukunftsfähige Hardwareplattform dar, in welcher die einzelnen Komponenten nach Bedarf kostengünstig modifiziert und erweitert werden können. Zusammen mit der vorgestellten Softwareumgebung zur generischen VHDL-Implementierung aus Matlab Simulink und dem echtzeitfähigen USB-Interface resultiert eine leistungsstarke und flexible Entwicklungsumgebung für allgemeine Auswertekonzepte mikromechanischer Sensorelemente. Insbesondere durch die Anbindung des CIEB an einen PC via USB können Daten in Echtzeit aus dem FPGA ausgelesen und so kostenintensive Messgeräte wie etwa ein digitales Speicheroszilloskop, ein Spektrum-Analysator oder ein Logik-Analysator zur Systemanalyse ersetzt werden.

Mit dieser Grundlage ist die Entwicklung des neuartigen Antriebskonzepts zur Leistungseinsparung der Signalverarbeitung kapazitiver mikromechanischer Drehratensensoren ermöglicht worden. Das Antriebskonzept basiert auf der Unterabtastung des Antriebsdetektionssignals durch den darauf folgenden C/U-Wandler. Es konnte erstmals gezeigt werden, dass die Abtastfrequenz des Antriebsdetektionssignals deutlich unter der Nyquistbedingung gewählt werden kann und dennoch eine adäquate Regelung des

Antriebskreises erfolgt. Dabei wird die Amplitudeninformation des unterabgetasteten Antriebsdetektionssignals zur Resonanzregelung genutzt. Der interne Stellwert des PI-Reglers der AGC ist hierbei eine Messgröße, welche Auskunft über die relative Lage der Antriebsfrequenz bezüglich der Resonanzfrequenz des Drehratensensorelements gibt. Die Messergebnisse zu der neuartigen Antriebskreisregelung zeigen, dass sich die Störungen, bedingt durch die Frequenzsprünge der Resonanzregelung bei der Drehratensignalauswertung, unter einen Effektivwert des Rauschens von $0,02°/s$ auswirken. In Verbindung mit einem Power-Down der Vorverstärkungselektronik des Antriebskreises, insbesondere der CU-Wandlung, ist diese neuartige Antriebskreisregelung fähig, den Leistungsbedarf der Signalverarbeitung des Antriebskreises signifikant zu reduzieren. Die Regelgeschwindigkeit des entwickelten Resonanzreglers kann momentan bis zu $2,6\,Hz$ betragen und ist für den Ausgleich langsamer temperaturbedingter Störeinflüsse ausreichend. Um jedoch auch ein Anschwingen des Drehratensensors in sehr kurzer Zeit zu ermöglichen, besteht hier noch weiterer Bedarf an der Erhöhung der Regelgeschwindigkeit.

In der vorliegenden Arbeit wurde weiter ein Systemkonzept zur Reduktion des Leistungsbedarfs der Signalverarbeitung des Detektionskreises vorgestellt. Dieses neuartige Systemkonzept zur Auswertung des Drehratendetektionssignals basiert auf der Bandpassabtastung des mit der Antriebsfrequenz des Drehratensensors modulierten Drehratensignals. Durch die Unterabtastung des Drehratendetektionssignals durch die nachfolgende C/U-Wandler- und A/D-Wandlerstufe kann in Verbindung mit einem Power-Down der Vorverstärkungselektronik ein leistungseffizienter Betrieb des Gesamtsystems realisiert werden. In dieser Arbeit erfolgte die Unterabtastung der Drehratendetektionssignale mit einer Abtastfrequenz bis unter $2\,kHz$. Bei dieser Abtastfrequenz konnten effektive Rauschwerte von unter $0,25°/s$ erzielt werden, ohne dass besondere Anforderungen an ein Anti-Aliasing-Filter gestellt wurden. Durch Anti-Aliasing-Filter niedriger Ordnung, in dieser Arbeit bedingt durch die Systemrealisierung digital ausgeführt, konnten erstmals effektive Rauschwerte bis zu $0,07°/s$ bei einer unteren Abtastfrequenz von $2\,kHz$ erzielt werden. Diese Ergebnisse zeigen auf, dass die Bandpassabtastung des Drehratendetektionssignals bei kapazitiven mikromechanischen Drehratensensoren eine vielversprechende Alternative zu gegenwärtigen Konzepten ist, um die Leistungseffizienz der Signalverarbeitung des Detektionskreises zu erhöhen. Bei der Auslegung eines Systems mit Bandpassabtastung sind jedoch die Wahl der Abtastfrequenz und die Anti-

Aliasing-Filterauslegung entscheidend, um die Faltung störender Frequenzkomponenten in das Basisband zu verhindern.

Weitere Messergebnisse mit einer integrierten Vorverstärkungselektronik bestätigen die Leistungseinsparung des hier vorgestellten Antriebs- und Detektionskonzepts. Die Stromaufnahme des gesamten Chips konnte durch ein Power-Down der C/U-Wandler des Antriebs- und Detektionskreises von 22 mA auf 13,6 mA, was einer Stromersparnis von 38,1 % entspricht, gesenkt werden. Auch diese Ergebnisse bestätigen das hier vorgestellte Konzept und zeigen weiter das hohe Potential zur Leistungseinsparung auf. Für die Betrachtung des Stromverbrauchs wurden nicht alle Komponenten der elektronischen Vorverstärkerschaltung in einem Power-Down betrieben, sondern nur die Operationsverstärker zur C/U-Wandlung.

Zukünftige Schritte beinhalten die Erweiterung und Verifikation des hier vorgestellten Systemansatzes auf zusätzliche Komponenten der Vorverstärkungselektronik. Dabei sollten die im Rahmen dieser Arbeit entstandenen leistungseffizienten Systemansätze durch Unterabtastung in einem realen ASIC umgesetzt und verifiziert werden. Hierbei ist das System so auszulegen, dass es fähig ist, auf Fertigungstoleranzen der mikromechanischen Drehratensensorstruktur robust zu reagieren und spektrale Störanteile höherer Frequenzen sicher zu unterdrücken. Mit dem erhöhten Bedarf an multiaxialer Drehratenerfassung steigt auch der Aufwand der Signalverarbeitung. Der Ansatz zur Unterabtastung mit Power-Down liefert eine flächen- und leistungseffiziente Lösung, da mehrere Drehachsen über eine einkanalige Signalverarbeitung ausgewertet werden können. Zu dieser Realisierung bedarf es der Umsetzung der hier vorgestellten Systemansätze in Kombination mit einem Zeitmultiplexbetrieb. Um möglichst geringe Abtastfrequenzen zu realisieren und dabei die Rauschfaltung durch Unterabtastung weiter zu minimieren, sollte die Rauschreduktion durch einen gesteuerten Transkonduktanzverstärker in zukünftigen Forschungsarbeiten weiter verfolgt werden.

A. Formelzeichen und Abkürzungen

Symbol	Erklärung
ε_0	Dielektrizitätskonstante
ε_r	Dielektrizitätszahl
Φ_1, Φ_2, Φ_3	Schaltphasen einzelner Schalter in SC-Technik
$\vec{\Omega}$	Vektorielle Drehrate
Ω_{signal}	Allgemeines Drehratensignal
Ω_z	Drehratenkomponente in z-Richtung
ω_{0x}, ω_{0y}	Resonanzfrequenz des Antriebs- bzw. Detektionsschwingers
ω_{Antr}	Kreisfrequenz des Antriebsschwingers
ω_M	Kreisfrequenz des Trägersignals
a_C	Coriolisbeschleunigung
B	Bandbreite
C	Allgemeine Kapazität
C_D	Detektionskapazität des Detektionskreises des Drehratensensors
C_{D0}	Ruhekapazität
C_{D1}, C_{D2}	Teilkapazitäten der differentiellen Detektionskapazität
C_f	Rückkoppelkapazität
C_K	Kapazität der Kondensatorkammstruktur
C_{Para}	Kapazität der parallelen Kondensatorplattenstruktur
C_P	Parasitäre Kapazitäten
D_x, D_y	Dämpfungskonstanten des Antriebs- bzw. Detektionsschwingers
d	Abstand der Kondensatorplatten
$\vec{F}_C$	Kraftvektor der Corioliskraft

F_{Antr}	Kraft auf die Antriebskammstruktur
$F_{C,off}$	Kraftwirkung Coriolisoffset
$F_{el,P}$	Elektrostatische Kraftkomponente auf eine parallele Kondensatorplattenstruktur
F_{quad}	Kraftwirkung der Quadratur
F_x, F_y	Kraftkomponente in Antriebs- bzw. Detektionsrichtung
f_A	Abtastfrequenz
$f_{ADC,A}$	Abtastfrequenz des A/D-Wandlers des Antriebskreises
$f_{ADC,d}$	Abtastfrequenz des A/D-Wandlers des Detektionsskreises
f_{Antr}	Frequenz der Antriebsstimulation
f_M	Frequenz der Modulationsspannung
f_c	Mittenfrequenz
f_{clk}	Systemtaktfrequenz
f_g	Grenzfrequenz
f_{sub}	Frequenz des unterabgetasteten Signals
G_{NCO}	Verstärkungsfaktor des NCO
$G_{V/y}$	Elektrische Verstärkung des Detektionskreises
$G_{y/\Omega}$	Mechanische Verstärkung des Detektionskreises
$H_{el,D}$	Elektrische Übertragungsfunktion des Detektionskreises
H_{Ffb}	Übertragungsfunktion bei Kraftrückkopplung
$H_{mech,D}$	Mechanische Übertragungsfunktion des Detektionskreises
$H_x(s), H_y(s)$	Übertragungsfunktionen des Antriebs- bzw. Detektionskreises
$|H_x(s)|, |H_x(s)|$	Amplitudengang des Antriebs- bzw. Detektionskreises
$\angle H_y(s), \angle H_y(s)$	Phasengang des Antriebs- bzw. Detektionskreises
I_{NCO}	Arbeitsschrittweite des NCO
$I_{Det}(t)$	Inphasenkomponente des Drehratendetektionssignals
k_B	Boltzmannkonstante
k_{eff}	Effektive Federkonstante
k_{el}	Elektrostatische Federkonstante
k_x, k_y	Federkonstanten des Antriebs- bzw. Detektionsschwingers
m	Schwingungsfähige Masse des Drehratensensors

m_x, m_y	Masse des Antriebs- bzw. Detektionsschwingers
N_{Down}	Dezimierungsfaktor zur Unterabtastung
N_k	Anzahl der lateralen Kammstrukturen
N_p	Anzahl der parallelen Plattenstrukturen
PI_{NCO}	Phaseninkrement des NCO
P_{analog}	Analoge Verlustleistung
$P_{digital}$	Digitale Verlustleistung
P_{dyn}	Digitaler dynamischer Verlustleistungsanteil
P_k	Digitaler Verlustleistungsanteil, bedingt durch Kurzschlüsse
P_l	Digitaler Verlustleistungsanteil, bedingt durch Leckströme
P_{sta}	Digitaler statischer Verlustleistungsanteil
Q_x, Q_y	Güte des Antriebs- bzw. Detektionsschwingers
R_f	Rückkoppelwiderstand
R_{Ps}, R_{Pp}	Parasitäre parallele und serielle Widerstände
S_K	Empfindlichkeit der Kondensatorkammstruktur
S_P	Empfindlichkeit der parallelen Plattenstruktur
$s_M(t)$	Trägerfrequentes Spannungssignal
$s_{A,Det}(t)$	Antriebsdetekionssignal
$s_{A,sub}(n)$	Unterabgetastetes Antriebsdetektionssignal
$s_{AM,A}(t)$	Amplitudenmoduliertes Spannungssignal des Antriebskreises
$s_{DM,A}(t)$	Demoduliertes Spannungssignal des Antriebskreises
T_A	Abtastzeit
T_{ein}	Einschaltdauer
U	Spannung zwischen zwei Kondensatorplatten
U_{AC}	Wechselspannungsanteil der Antriebsspannung
U_{Al}, U_{Ar}	Spannung an der linken bzw. rechten Antriebskammelektrode
U_{Antr}	Antriebsspannung der Kondensatorstruktur
U_{DC}	Gleichspannungsanteil der Antriebsspannung
U_{DD}	Digitale Spannungsversorgung
U_M	Trägerspannung an der Mittelmasse des Sensorelements

U_{aus}	Ausgangsspannung
U_{ein}	Eingangsspannung
V_1, V_2	Spannungspotentiale
V_{GND}	Massepotential
V_M	Eingangsspannungspotential der Drehratensensorstruktur
V_{out}	Ausgangsspannungspotential
$\vec{v}$	Vektorieller Geschwindigkeitsvektor
W	Elektrostatische Energie
x_{id}	Ideal abgetastetes Signal
X_A	Antriebsamplitude des Antriebsschwingers
$X_{A,Det}$	Spektrum des Detektionssignals

Abkürzung	**Erklärung**
ADPLL	All Digital Phase-Locked Loop
AGC	Automatic Gain Control
ASIC	Application Specific Integrated Circuit
CDS	Correlated Double Sampling
CIC	Cascaded Integrator Comb
CIEB	Compact Inertial Evaluation Board
CMOS	Complementary Metal Oxide Semiconductor
DDS	Direct Digital Synthesizer
DRIE	Deep Reactive Ion Etching
DSV	Digitale Signalverarbeitung
ESP	Elektronisches Stabilitätsprogramm
FIR	Finite Impulse Response
FPGA	Field Programmable Gate Array
HDL	Hardware Description Language
IEEE	Institute of Electrical and Electronic Engineers
IIR	Infinite Impulse Response
NCO	Numerically Controlled Oscillator

NMOS	N-Type Metal Oxide Semiconductor
PFD	Phasen Frequenz Dekoder
PLL	Phase-Locked Loop
PMOS	P-Type Metal Oxide Semiconductor
PROM	Programmable Read Only Memory
SC	Switched Capacitor
SNR	Signal to Noise Ratio
USB	Universal Serial Bus
VHDL	Very High Speed Integrated Circuit Hardware Description Language

B. Abbildungsverzeichnis

C. Tabellenverzeichnis

D. Literaturverzeichnis

[1] B. Bechen. *Systematischer Entwurf analoger Low-Power Schaltungen in CMOS anhand einer kapazitiven Sensorauslese.* PhD thesis, Universität Duisburg-Essen, Duisburg, 2007.

[2] R. E. Best. *Phase Locked Loops: Design, Simulation, and Applications.* McGraw-Hill Professional, 6 edition, 2007.

[3] Y. Bo, Z. Baling, W. Shourong, H. Libin, and Y. Yong. A quadrature error and offset supression circuitry for silicon micro-gyroscope. In *3rd IEEE International Conference on Nano/Micro Engineered and Molecular Systems*, pages 422–426, 6-9 Jan. 2008.

[4] A. P. Chandrakasan, S. Sheng, and R. W. Brodersen. Low-power CMOS digital design. *IEEE Journal of Solid-State Circuits*, 27:473–484, 1992.

[5] D. E. Chinwuba. *Readout Techniques for High-Q Micromachined Vibratory Rate Gyroscopes.* PhD thesis, University of California, Berkeley, 2007.

[6] W. A. Clark. *Micromachined Vibratory Rate Gyroscopes.* PhD thesis, University of California, Berkeley, 1992.

[7] A. Devices. Programmable low power gyroscope ADIS 16255, 2009.

[8] C. A. DeVries and R. D. Mason. Subsampling architecture for low power receivers. *IEEE Transactions on Circuits and Systems*, 55(4):304–308, 2008.

[9] L. Dong. Adaptive estimation and control of a z-axis MEMS gyroscope with time-varying rotation rates. In *International Conference on Autonomic and Autonomous Systems*, pages 18–22, 16-18 July 2006.

[10] J. E. Eklund and R. Arvidsson. A multiple sampling, single A/D conversion technique for I/Q demodulation in CMOS. *IEEE Journal of Solid-State Circuits*, 31(12):1987–1994, 1996.

[11] C. C. Enz and E. A. Vittoz. *CMOS Low-Power Analog Circuit Design*. Emerging Technologies: Designing Low Power Digital Systems.

[12] A. M. Fahim. A compact, low-power low-jitter digital PLL. In *Proceedings of the 29th European ESSCIRC*, pages 101–104, Portugal, 16-18 Sept. 2003.

[13] X. Gang and Y. Jiren. Comparison of charge sampling and voltage sampling. In *IEEE Midwest 43rd Symposium on Circuits and Systems*, pages 440–443, Aug. 2000.

[14] F. M. Gardner. *Phaselock Techniques*. Wiley Interscience, 3 edition, 2005.

[15] G. Gerlach and W. Dötzel. *Einführung in die Mikrosystemtechnik: Ein Kursbuch für Studierende*. Hanser Fachbuchverlag, 2006.

[16] F. Herbrand. *Extremwertregelung zur automatischen Strahlführung an Teilchenbeschleunigern*. PhD thesis, Otto-von-Guericke-Universität, Magdeburg, 2001.

[17] B. J. Hosticka. Performance comparission of analog and digital circuits. *Proceedings of the IEEE*, 73(1):25–29, Jan. 1985.

[18] N. Instruments. Ni LabWindows cvi. http://www.ni.com/lwcvi, 2009. 17.02.2009.

[19] D. Jakonis. A 2.4-GHz RF sampling receiver front-end in 0.18 µm CMOS. *IEEE Journal of Solide-State Circuits*, 40(3):1265–1277, 2005.

[20] W. Jiangfeng, G. Fedder, and L. Carley. A low-noise low-offset capacitive sensing amplifier for a 50-$\mu g/\sqrt{Hz}$ monolithic CMOS MEMS accelerometer. *IEEE Journal of Solid-State Circuits*, 39(5):722–730, 2004.

[21] T. Juneau, A. Pisano, and J. Smith. Dual axis operation of a micromachined rate gyroscope. In *International Conference on Solid State Sensors and Actuators*, pages 883–886, 16-19 June 1997.

[22] S. Karvonen, T. Riley, and J. Kotamovaara. A low noise quadrature subsampling mixer. In *IEEE Symposium on Circuits and Systems*, pages 790–793, Jun. 2001.

[23] S. Karvonen, T. Riley, S. Kurtti, and J. Kostamovaara. A quadrature charge-domain sampler with embedded FIR and IIR filtering functions. *IEEE Journal of Solid-State Circuits*, 42(2):507–515, 2006.

[24] R. Kaushik and P. Sharat. *Low-Power CMOS VLSI: Circuit Design*. Wiley-Interscience, 2000.

[25] M. Keim, M. Lang, B. Breitmaier, M. Grossmann, S. Zunft, J. Classen, M. Koc, M. Veith, G. Wucher, M. Offenberg, E. Steiger, T. Lich, and G. Noetzel. Bosch angular rate sensors-advanced sensor technology for innovative applications. In *COMS 2003 (Commercialization of Microsystems)*.

[26] U. Kiencke, H.Kronmüller, and R. Eger. *Meßtechnik-Systemtheorie für Elektrotechniker*. Springer, 2001.

[27] U. Kiencke and H. Jäkel. *Signale und Systeme*. Oldenbourg, 2002.

[28] R. Kieser and B. Opitz. Generic USB-interface. Technical report, Robert Bosch GmbH, 2007.

[29] F. Laermer and A. Urban. Milestones in deep reactive ion etching. In *Proceedings of the 13th International Conference on Solid-State Sensors, Actuators and Microsystems*, pages 1118–1121, Korea, Seoul, 5-9 June 2005.

[30] M. Lemkin and B. E. Boser. A three-axis micromachined accelerometer with a CMOS position-sense interface and digital offset-trim electronics. *IEEE Journal of Solid-State Circuits*, 34(4):456–468, 1999.

[31] X. Li, X. Chen, Z. Song, P. Dong, Y. Wang, J. Jiao, and H. Yang. A microgyroscope with piezoresistance for both high-performance coriolis-effect detection and seesaw-like vibration control. *Journal of Microelectromechanical Systems*, 15(6):1698–1707, 2006.

[32] S. Lindfors, A. Parssinen, J. Ryynanen, and K. Halonen. A novel technique for noise reduction in CMOS subsamplers. In *IEEE International Symposium on Circuits and Systems*, pages 257–260, Jun. 1998.

[33] C.-H. Liu and T. W. Kenny. A high-precision, wide bandwidth micromachined tunneling accelerometer. *Journal of Microelectromechanical Systems*, 10(3):425–433, 2001.

[34] J. C. Lötters, W. Olthius, P. H. Veltink, and P. Bergveld. A sensitive differential capacitance to voltage converter for sensor applications. *IEEE Transactions on Instrumentation and Measurement*, 48(1):89–96, February 1999.

[35] R. G. Lyons. *Understanding Digital Processing*. Prentice Hall International, 2 edition, 2004.

[36] J. Mitola. The software radio architecture. *IEEE Communications Magazine*, 33(5):26–38, 1995.

[37] E. Monmasson and M. N. Cirstea. FPGA design methodology for industrial control systems - A review. *IEEE Transactions on industrial electronics*, 54(4):1824–1842, 2007.

[38] S. Murthy, W. Alvis, R. Shirodkar, K. Valavanis, and W. Moreno. Methodology for implementation of unmanned vehicle control on FPGA using system generator. In *Proceedings of the 7th International Caribbean Conference on Devices, Circuits and Systems*, pages 498–507, Mexico, 28-30 April 2008.

[39] R. Neul, U. Gómez, and K. Kehr. Micromachined angular rate sensors for automotive applications. *IEEE Sensors Journal*, 7:302–309, 2007.

[40] M. J. Niemann and V. H. Hans. Phase reconstruction of modulated ultrasonic signals and new measurement technique of flow velocity. *IEEE Transactions on Instrumentation and Measurement*, 52(4):1004–1008, 2003.

[41] H. Nyquist. Certain topics in telegraph transmission theory. In *Trans. AIEE*, pages 617–644, Apr. 1928.

[42] D. Oshinubi, K. Dostert, and M. Rocznik. Energy-efficient sensing concept for a micromachined yaw rate sensor. *International Journal of Information Technology*, 4(3):159 – 162, Aug. 2008.

[43] D. Oshinubi, K. Dostert, and M. Rocznik. Undersampling approach for a capacitive micromachined yaw rate sensor. In *51st Midwest Symposium on Circuits and Systems*, pages 53–56, Knoxville, TN, 10-13 Aug. 2008.

[44] A. Parent, O. L. Traon, S. Masson, and B. L. Foulgoc. A coriolis vibrating gyro made of a strong piezoelectric material. In *IEEE Sensors*, pages 876–879, Atlanta, 28-31 Oct. 2007.

[45] A. Partridge, J. K. Reynolds, B. W. Chui, E. M. Chow, L. Z. A. M. Fitzgerald, N. I. Maluf, and T. W. Kenny. A high-performance planar piezoresistive accelerometer. *Journal of Microelectromechanical Systems*, 9(1):58–66, 2000.

[46] T. Pering, Y. Agarwal, R. Gupta, and R. Want. Cool spots: Reducing the power consumption of wireless mobile devices with multiple radio interfaces. In *4th International Conference on Mobile Systems*, pages 220–232, Uppsala, Sweden, 2006.

[47] V. P. Petkov and B. E. Boser. *Capacitive Interfaces for MEMS*. Wiley Interscience - Enabling Technology for MEMS and Nanodevices, 1 edition, 2005.

[48] K.-P. Pun, J. E. da Franca, C. Azeredo-Leme, and R. Reis. Quadrature sampling schemes with improved image rejection. *IEEE Transactions on Circuits and Systems*, 50(9):641–648, 2003.

[49] J. M. Rabaey and M. Pedram. *Low power design methodologies*. Kluwer Academic Publishers, 1996.

[50] M. Rocznik. *Optimierung des Entwurfs mikroelektromechanischer Systeme*. PhD thesis, Technische Universität, Ilmenau, 2005.

[51] C. Roppel. *Grundlagen der digitalen Kommunikationstechnik*. Hanser Fachbuchverlag, 1 edition, 2006.

[52] A. Sadat, Q. Hongwei, Y. Chuanzhao, J. Yuan, and X. Huikai. Low-power CMOS wireless MEMS motion sensor for physiological activity monitoring. *IEEE Transactions on Circuits and Systems*, 52(12):2539 – 2551, Dec. 2005.

[53] K.-P. Schulze and K.-J. Rehberg. *Entwurf von adaptiven Systemen. - Eine Darstellung für Ingenieure*. Verlag Technik, Berlin, 1988.

[54] M. D. Scott, B. E. Boser, and K. S. J. Pister. An ultra-low power ADC for distributed sensor networks. In *Proceedings of the 28th European Solid-State Circuits Conference*, pages 255–258, Italy, Florence, Sept. 2002.

[55] C. E. Shannon. Communication in the presence of noise. *Proceedings of the IRE*, 37(1):10–21, 1949.

[56] A. Sharma, M. Zaman, M. Zucher, and F. Ayazi. A 0.1°/hr bias drift electronically matched tuning fork microgyroscope. In *IEEE 21st International Conference on Micro Electro Mechanical Systems*, pages 6–9, 13-17 Jan. 2008.

[57] D. Sheng, C.-C. Chung, and C.-Y. Lee. An all-digital phase-locked loop with high-resolution for SoC applications. In *International Symposium on VLSI Design, Automation and Test*, pages 1–4, 26-28 April 2006.

[58] Y.-R. Sun. *Generalized Bandpass Sampling Receivers for Software Defined Radio*. PhD thesis, Royal Institute of Technology, Stockholm, 2006.

[59] Y.-R. Sun and S. Signell. Effects of noise and jitter on algorithms for bandpass sampling in radio receivers. In *IEEE International Symposium on Circuits and System*.

[60] Y.-R. Sun and S. Signell. Effects of noise and jitter in bandpass sampling. *Journal of Analog Integrated Circuits and Signal Processing*, 42(1):85–97, 2005.

[61] P. Sungsu and R. Horowitz. Adaptive control for the conventional mode of operation of MEMS gyroscopes. *Journal of Microelectromechanical Systems*, 12:101–108, 2003.

[62] P. A. Tipler and G. Mosca. *Physik: Für Wissenschaftler und Ingenieure*. Spektrum Akademischer Verlag, 2 edition, 2004.

[63] R. Unbehauen and A. Cichocki. *MOS Switched-Capacitor and Continuous-Time Integrated Circuits and Systems.* Springer-Verlag, 1 edition, 1989.

[64] R. G. Vaughan, N. L. Scott, and D. R. White. The theory of bandpass sampling. *IEEE Transactions on Sinal Processing*, 39(9):1973–1984, 1991.

[65] R. Voss, K. Bauer, W. Ficker, T. Gleissner, W. Kupke, M. Rose, S. Sassen, J. Schalk, H. Seidel, and E. Stenzel. Silicon angular rate sensor for automotuve applications with piezoelectric drive and piezoresistive read-out. In *International Conf. Solid State Sensors and Actuators*, pages 879–882, Chicago, June. 1997.

[66] Z. Wang, Z. Li, X. Ni, and B. Mo. A low-noise charge sensitive amplifier for MEMS capacitive sensors. In *8th International Conference on Solid-State and Integrated Circuit Technology*, pages 673–675, Shanghai, 23-26 Oct. 2006.

[67] Xilinx. Virtex2 platform FPGA user guide. http://www.xilinx.com/support/documentation/userguides/ug002.pdf, 2007.

[68] Xilinx. ISE Foundation Software. http://www.xilinx.com, 2008. 11.04.2009.

[69] N. Yazdi, F. Ayazi, and K. Najafi. Micromachined inertial sensors. *Proceedings of the IEEE*, 86(8):1640–71659, 1998.

[70] C. Yeh and K. Najafi. A low-voltage bulk-silicon tunneling based microaccelerometer. *IEEE Trans. Electron Devices*, 44(11).1875–1882, 1997.

[71] Z. Yong-xiang, Z. Wei-gong, Z. Xiao-xu, and Y. Hui-mei. Study on electronic image stabilization system based on MEMS gyro. In *International Conference on Electronic Computer Technology*, pages 641 – 643, Macau, 20-22 Feb. 2009.

[72] M. F. Zaman, A. Sharma, and F. Ayazi. High performance matched-mode tuning fork gyroscope. In *Proceedings of the 19th International Conference on Micro Electro Mechanical Systems*, pages 66–69, Turkey,Istanbul, May 2006.